現代数学の
基本概念 上

J. ヨスト 著
清水勇二 訳

丸善出版

MATHEMATICAL CONCEPTS

by

Jürgen Jost

First published in English under the title Mathematical Concepts by Jürgen Jost, by Springer International Publishing Switzerland
Copyright © Springer International Publishing Switzerland 2015
This edition has been translated and published under licence from Springer International Publishing Switzerland.
Springer International Publishing Switzerland takes no responsibility and shall not be made liable for the accuracy of the translation.

Japanese translation rights arranged with Springer International Publishing AG through Japan UNI Agency, Inc., Tokyo

数学は着想や概念をフォーマリズム（形式化された理論的手続き）に翻訳し，そのフォーマリズムを適用して，あまり形式的でない分析が通常なら施せないような洞察を導き出す．

序

　本書は，現代数学の最重要の概念や構造を紹介し概観するものである．したがって，そういった概念と構造の動機づけと説明をして，かつ例を用いてわかりやすい解説をするが，基本的な結果の完全な証明をしないことがままある．そういうわけで，本書は広い視野を持つ一方，標準的な数学の教科書ほど行き届かず詳しくはない．その主たる意図は，数学の概念的，構造的かつ抽象的思考法を記述し展開することである．特定の数学的構造はそのような概念的アプローチを例示し，それらの相互の関係や共通の抽象的特徴は，それぞれの構造により深い洞察をもたらすだろう．

　本書は次のように使用することができよう．

1. 単に数学的構造のパノラマおよびそれらの間の関係の概観として．構造に関する実用的知識を得たいならば，より詳しい文献で補足されるべきだろう．
2. 抽象数学への入門として．
3. 既存の教科書とともに，そこでの結果をより一般的視野に置いてみるために．
4. 教科書を学んだ後に，新たなより深い観点を得るために．

言い方を変えると，読者は各自の必要と目的に最も合うような仕方で本書を使うべきである．本書の読み方を示唆したり規定してしまうことは私の意図とは異なる．もちろん，原則として最初から最後まで本書を読むことはできよう．しかしながら，本書をざっと見て，とくに面白いあるいは役立つと思

えるものを知ることでもよい．または学びたかったり，より理解したい特定の話題を単に調べることもできよう．どのようなアプローチであっても本書が役に立つことを希望する．

しかしいずれにせよ，数学は主要結果の証明を詳しく読んで理解し，演習をやり終え，例を計算することによってのみ，しっかりと学ぶことができることを強調しなければならない．本書は系統的には証明や演習問題を提供しないので，適当な他の教科書で補う必要がある．（参考文献にそのような教科書が挙げてある．もちろん，挙げたほかにも多くのよい教科書があり，また私の選び方はそれぞれの分野の専門家にはいささかランダムに見えるかもしれない．）

このなすべき警告をしたので，反対向きの警告もしよう．長年にわたり内部の人とともに自分自身で学ばない限りその分野の仕事を理解することはできないと主張する，数学の狭い分野を守る専門家に注意しよう．しばしば，このような人は外部者との競争を恐れることがある．逆に，すべての重要な概念的数学のアイデアはある程度の努力で理解できることを主張したい．そのためには，本書が提供するよりはもう少しの努力がおそらく必要であろうし，いずれにせよ，柔軟で抽象的な思考能力がいくらか必要であろう．しかし，ひるむことはない．本書は数学をより深く理解するためのあなたの道に援助とガイドを買って出ることを意図している．本書は否定的でくじけさせるものではなく，積極的な励ましのメッセージを伝えたい．

内容と話題を記そう．第1章は，形式ばらない概観をする．第2章では，グラフ，モノイドや，群・環・体，束にブール代数・ハイティング代数といった基本的な構造および圏論の基礎概念を導入する．第3章では，まず関係を抽象的な仕方で扱い，次に2項関係を織り込む数学的構造としてグラフを論じる．数学的理由づけのより具体的な例として，有限群の表現論を議論し，同一の頂点集合上のグラフすべての空間を具体的に記述するのに用いる．第4章では，位相空間およびより広いクラスの前位相空間を導入する．集合上の位相構造は，部分集合すべてのなすブール代数の一部分を選び出す．この一部分に属するメンバーは位相の開集合とよばれ，ハイティング代数をなす．（一般に，開集合の補集合は必ずしも開集合でないので，もはやブール代数をなさない．）位相空間上に，層とコホモロジー群を定義する

ことができ，それから代数的不変量を得る．また測度を導入し，その助けを借りて代数的不変量を幾何的不変量で補う．次の第5章では，トポロジー，微分幾何学，そして代数幾何学の観点から空間概念を分析する．微分幾何学では，基礎概念の曲率を考え，一方で代数幾何的アプローチはスキームの概念に基づく．次の第6章では，代数的トポロジーをより詳しく扱い，一般のホモロジー理論を議論する．これを単体複体で例示し，それでトポロジーの力学的描像を展開することができる．これは，モース理論の力学系への拡張であるコンリー理論の離散的類似と見ることができる．第7章では，多分いくつかの制約に従う特定の操作によって構造が生成されることの議論を挿入した．第8章では圏に戻り，米田の補題とその応用などの圏論の基礎的結果への導入をする．トポスに当てられた第9章では，ブール代数・ハイティング代数などの代数的構造，前層のような圏論的概念の幾何的視点を数理論理学の抽象的アプローチと結び付ける．最終章はいくぶん拍子抜けの気がある．最も簡単な例である0元，1元，2元の集合に課すことができるさまざまな構造を振り返る．もちろん大部分はかなり自明なことだが，基礎概念を読者が振り返る機会となる．これらの例を学ぶために，最後まで待つ必要はなく，別の章である種の構造について読みながらこれらを利用することができる．この他の章では，ページ余白の箱が本文で繰り返し扱われる標準的な例であることを示す（訳注：翻訳にあたって記載事項を巻末の例に関する索引に移した）．ときどき，「……のとき，かつそのときのみ」の代わりに英語での数学の文献で習慣的に使われる iff という省略記号を使う．

　また，ところどころで理論生物学との可能な，または既存のつながりを指摘する．理論生物学の体系的な概念的枠組みはまだ進展が待たれるが，本書で提示された概念のいくつかは重要な要素となり得ると信じる．

　本書のいくつかの側面は，離散的コンリー理論または空間概念の議論におけるいくつかの項目のように新しいものである一方，本書の大部分は単に既存の教科書に見つかるものを凝縮し例示している．最初に触れたとおり，現代数学の多くの重要な構造についての包括的概観やオリエンテーションを提供することが本書の動機である．もちろん本書で取り上げていないものも多くある．とくにコンパクト性のような解析学で最も基本的な概念，あるいはバナッハ空間のような重要な構造は扱われない．また，素数という初等的概

念を超えて数論には言及していない．

本書は広範囲の数学の話題をカバーするので，ある分野で確立された記法との不一致は避けられない．というのも，記法上の異なる規約はいつも両立するわけではないからだ．読者が注意すべき点として，ここでは真理値「真」に記号 1 を使うが，他の文献では代わりに 0 を使うことがある．

ここで議論された分野の多くでは，技術的な意味では明らかに筆者は専門家ではない．しかしながら，筆者の理解を学生や同僚と分かち合い，抽象的現代数学概念の強力な領域に彼らを案内したかった．そして，ライプチヒでの大学院のコースでこれらの話題を講義した．その理解を読者とも共有するのに，本書が同じように役立つことを希望している．

また，本書のスタイルには，ときどきいくつかの数学的概念は既知と仮定されて説明がないという意味で一貫性がない点がある．その最たる例は，解析学の中核的概念である微分概念である．最重要な概念と例のいくつかは微分計算に依存するので，それは必要である．連続性のようなより基礎的原理は注意深く説明するから，これは明らかに一貫性がない．その理由は，本書の本質的な主眼とその例を理解するためには，微積分の概念的な基礎には立ち入る必要がなく，基礎的微積分のコースで読者が習うことなしに済ませられるからである．いずれにせよ，微積分に関する必要な題材のすべては私の教科書 [59] に見つけられる．またときどきは，線形代数の構成や結果をさらなる説明なしに利用する．

それから，本書のスタイルは均質ではない．あるくだりはかなり初等的で多くの詳細もあるが，他のところではより詰まっていて，技術的にもっと難しい．本書を順番とおりに読む必要はない．最初に理解するのが一番容易なところを選び，その後でより技術的な部分へと進むのが最も効率がよいだろう．

Nils Bertschinger, Timo Ehrig, Alihan Kalabak, Martin Kell, Eckehard Olbrich, Johannes Rauh と授業の参加者からの，有益な質問，洞察に富むコメント，そして助けとなる示唆に感謝する．ここで提示された概念的観点は，もちろん何年にもわたり，友人や同僚との仕事や議論に強く影響されてきた．その中には，数学者の Nihat Ay, Paul Bourgine, Andreas Dress, Tobias Frits, Xianqing Li-Jost, Stephan Luckhaus, Eberhard Zeidler と

故 Heiner Zieschang, 理論生物学者の Peter Stadler と故 Olaf Breidbach, 組織論学者の Massimo Warglien がいる．Olivier Pfante は原稿をチェックしてくれて，いくつかの誤字と小さな不整合を見つけてくれた．数名の査読者からの建設的な批判に感謝する．Pengcheng Zhao は図をいくつか作成してくれた．図式の多くを作るために，Pedro Quaresma による LaTeX でのパッケージ DCpic を利用した．

　本書を執筆する最終段階でのフランス高等科学研究所 (IHÉS) のもてなしに感謝する．欧州研究会議 (ERC) の研究費 Advanced Grant FP7-267087, そしてフォルクスワーゲン財団とクラウス・チラ財団の寛大な援助に感謝する．

目　次

第1章　概観と展望	1
1.1　概観	1
1.1.1　性質と区別	1
1.1.2　関係	2
1.1.3　抽象化	8
1.1.4　生成	10
1.2　簡単な歴史的スケッチ	11
第2章　基　礎	15
2.1　対象，関係と操作	15
2.1.1　区別	15
2.1.2　写像	16
2.1.3　冪集合と区別	19
2.1.4　構造	24
2.1.5　ハイティング代数とブール代数	34
2.1.6　演算	45
2.1.7　構成のパラメータ表示	61
2.1.8　離散対連続	62
2.2　公理的集合論	63
2.3　圏と射	66
2.4　前層	82

x 目次

2.5 力学系 88

第3章 関係　　91

3.1 関係を表す元 91
3.2 元を特定する関係 93
3.3 同型 94
3.4 グラフのモジュライ空間 95
    3.4.1 頂点から 95
    3.4.2 辺から 99
    3.4.3 辺の重みから 100
    3.4.4 表現論 100

第4章 空間　　115

4.1 前位相空間と位相空間 117
4.2 σ 代数 132
4.3 集合系 135
4.4 測度 141
4.5 層 147
4.6 コホモロジー 152
4.7 スペクトル 156

参考文献　　161

例に関する索引　　169

事項索引　　171

記法についての規約

　集合に付加的構造が備わっているとき，その構造が文脈から明らかな場合はしばしばその構造を記号の中には含めない．たとえば，位相空間 X について語るとき，$\mathcal{O}(X)$ が位相構造を定める X の開集合族だとして，$(X, \mathcal{O}(X))$ の代わりに X と記す．

第1章 概観と展望

1.1 概観

本書は数学の概念的構造を扱う．無限と極限[1]の概念の大部分はさておき，次の見出しでまとめられるような観点をカバーする．

1. 区別
2. 関係
3. 抽象化
4. 生成

導入部の本章では，上記の観点を一般的かつ形式ばらない言葉で記述しようと試みる．こうするといくぶん漠然かつ抽象的になるが，以降の章でよりきちんと展開することの動機づけとなることを期待する．

1.1.1 性質と区別

具体的であるために，ここでは集合 S とその元を考える．しかし，後にはより一般の構造を考え，より内在的な言葉で語ろうと試みる．

集合の元を考えるときには，元を互いに区別したい．しかし，より精密に考えると，むしろその逆になる．個別の元，項目または対象が同定できるた

---

[1] 数学での解析の本来の意味において．不幸にも，圏論のある構成法も「極限」と名づけられていて，それを本書で扱う．

めには，他のものからそれを区別できる必要がある．ある元が持ち，他の元が持たない性質からそのような区別は生じる．どのような特定の性質も一群の対象を他のものから分離するのみならず，他の対象が満たさないいくつかの性質の組み合わせで一つの対象（元）が同定できるようになる．

最も基本的な場合には，2項的な区別ができる．すなわち，対象はある性質を持つか，持たないかのどちらかである．対象が集合の元であるときは，その性質を持つ元のなす部分集合とその性質を持たない補集合とに分かれる．話を逆転して，特定の部分集合から出発することもできる．このとき，その部分集合に属することが（それを特徴づける）性質となる．だから，与えられた集合の任意の部分集合を同定できるなら，部分集合と同じだけ区別をすることができ，逆に，十分にたくさんの区別ができるなら，任意の部分集合を同定できる．n 個の元を持つ集合は 2^n 個の部分集合を持つ．どの部分集合も区別できるならば，一つの元を他から区別できるだけでなく，どのような元の集まりも，その残り，つまりその（部分）集合に入らない元の集まりとして区別できる．したがって，元に比べて区別される数は指数関数的に多くなる．カントルが発見したことだが，この原理は無限集合にも当てはまる．

より洗練された展望がしばしば必要となる．一つの性質が絶対的に成り立つとは限らず，ある種の状況下で，またはある種の可能な世界でのみ成立する．これは古くはライプニッツの考えであり，論理学者クリプキにより復活されたものだ．問題は何が現実に成り立つかではなく，どの可能性が互いに両立するか，あるいは，ライプニッツの用語でいえば共可能 (compossible) であるかが問題である．また，性質は互いに独立であるとは限らず，ある状況，あるいは異なる可能な世界でのそれらの性質の価値の間に，関係あるいは相関が存在し得る．これらの事柄を扱うのにふさわしい形式的な構造を記述しよう．

1.1.2 関係

区別をするための道具として性質を論じると，そのような性質はどこに由来するかという問いへと導かれる．性質は対象の構造に結び付くはずであ

る．そして，その対象の構造は何であるかという問いへ導かれる．ここで採用した形式的な観点からは，**一つの対象の持つ構造は他の対象との関係性から成り立っている**．本書で探っていくように，これはきわめて強力な原理である．とくに，これは集合の元のみでなく，形式的対象の大きなクラスにも当てはまる．しかしながら，そこにはある重大な難しさがある．一つの対象はそれ自身との関係性をも考慮する．それは，その対象のもつ対称性と見ることができる．

次の図式において，左の形を点線に関して鏡映すると，右に描かれた異なる形を得る．

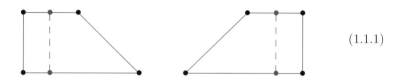
(1.1.1)

しかしながら次の図式の形を鏡映すると，初めの形と区別できない形を得る．

(1.1.2)

この図は点線に関して対称だといえる．ここでの重要な点は，対称性をある種の**操作**に関する不変性として記述できることである．いまの場合は鏡映である．実は，この形はさらなる対称性を持つ．それは水平な軸に関する鏡映でも，中心の周りの 90, 180 あるいは 270° の反時計回り回転でも不変である．

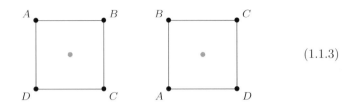

(1.1.3)

この図式においては頂点にラベルをつけて，90°反時計回り回転の効果を示すようにした．これらの対称性は再度，操作により記述される．それに対して，(1.1.1) の左の形はどのような操作でも不変でない．それで，その形は縦の直線に関する鏡映で右の異なる形に関係する．したがって，ここでは操作をすると別の形になるが，(1.1.2) の正方形はそれ自身に関係して，操作で新しい形は生み出されない．このような対象をそれ自身に関係させる操作は，その対象の**自己同型** (automorphism) とよばれる．自己同型同士は合成することができる．たとえば，最初に縦の軸について対象を鏡映させて，次に水平な軸について鏡映させるか，90°の倍数の回転をしてよい．それでも図は不変である．あるいは，自己同型の効果を逆転させることもできる．最初に，図形を90°反時計回りに回転し，次に90°時計回りに回転する．（この二つめは，同じことだが反時計回りに270°回転してもよい．）自己同型を合成したり，反転したりできるという事実を，これらの自己同型は**群** (group) をなすと表現することができる．したがって，(1.1.2) の正方形は鏡映と回転とその合成たちからなる対称性の群を持つ．もちろん，他の対象は別の対称性の群を持つかもしれない．平面図形の中で，円は最大の対称性の群を持つ図形である．それに対して，(1.1.1) の図形は自明でない対称性を一つも持たない．何もしないことからなる恒等操作のみがその図形を不変にする．（完全に自明に見えるかもしれないが，この恒等操作は群の数学的構造にとってとても重要である．算術における0の役割を考えてみるとよい．0を加えてもどの数も変わらないから，0を足すことは算術における恒等操作である．しかしながら，というよりむしろそのことがあまりにも明らかなので，0を算術の対象として発見するのに長い時間がかかったのである．）

対称性のなす構造，つまりそれが群をなすことを一度理解したので，われ

われは一般的な道具を手に入れたことになる．たったいま分析した例では，この群は鏡映一つと回転一つにより生成されている．しかしこの原理は一般的であり，他の幾何的形に適用され，このような形が持つであろう対称性のパターンをまとめるのに役立つ．たとえば，群の概念なくしては，正20面体の対称性を理解するのはひどく大変な課題となるが，少しの群論があればそれは結構簡単になる．

したがって，ある対象を他の対象との関係において特徴づけたいときに，その対象の自己同型の群を考慮に入れねばならない．ある対象が自明でない自己同型の群を持つとき，それが何らかの内部構造を持つことをとくに示している．すると，よりきめ細かな見方を通じてその構造を決定することができる．正方形を一つの対象としてしまう，平面の図形のなす圏（category，第2章で正式に定義される用語だが，カテゴリーはこの時点でもすでに直観的には意味のある単語であろう）を考える代わりに，むしろ正方形の4頂点のみからなる圏に焦点を当てる．各頂点は非自明な内部構造を持たないので，それ以上詳しくは決定できない．（自明な自己同型の恒等射を除き）正方形の自己同型は，図形全体は不変にするものの，その頂点を置換する．それにもかかわらず，不変なままの点の間にも何らかの構造がある．二つの頂点が辺で結ばれているときは，正方形の自己同型による像もやはり辺で結ばれる．たとえば，どの正方形の自己同型も，A と B の位置を交換するだけで残りの点 C と D は不変にすることはない．それに対して，そのような関係を忘れて，4個の元 A, B, C, D からなる集合のみを考えるならば，その集合自身は変えずにそれらを自由に置換することができる．したがって，4元の集合の自己同型全体はその元たちのすべての置換のなす群である．それは，鏡映と回転に対応する置換のみからなる正方形の自己同型の群より大きい．4頂点とその間の4本の辺の集まりとしての正方形は（つまりそこでは6個の可能な対から取り出した4個が辺として表される特別な関係を持つのだが），単なる4点の集合以上の構造を持っている．そして，保たれるべき構造がより多いほど，自己同型の群はより小さくなる．これが，付加的構造は対称性の数を減らすという一般的原理である．

もう一度 (1.1.1) の図に戻ろう．

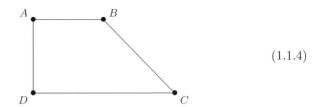

(1.1.4)

辺で表されるつながり方のパターンは正方形と同じである．(1.1.4) を平面の図形と見るとき，頂点間の距離が異なるので，それは (1.1.3) とは異なる．点 P, Q 間の距離を $d(P,Q)$ と記すと，$d(A,B) = d(A,D) < d(B,D) = d(B,C) < d(C,D) < d(A,C)$ となる．とくに，距離の情報によりどの頂点も他の頂点から区別し得る．この理由で，すべての距離を保つ対称性は存在し得ない．これは正方形の場合とは対照的で，そのときは $d(A,B) = d(B,C) = d(C,D) = d(A,D) < d(A,C) = d(B,D)$ という配置で，すべてではないが，いくつかの頂点の置換は対称的になる．

いずれにせよ，以上の話は関係性を形式的操作の言葉で解釈すべきことを示唆している．したがって，対象の構造を考察することによって，操作のなす集合あるいはクラスの構造を考察するように導かれる．そのような操作のクラスを対象として，その構造を新たな操作の言葉で表すという原則は繰り返される．すなわち，操作への操作を考察することになる．

対象あるいは構造はしばしば，操作へと変えられる．たとえば算術において，数は対象と考えられるが，その数を足したり，掛け算する操作と見ることもできる．そのやり方で，操作に翻訳された対象は，生み出す力を得ることができる．たとえば，1 を足すことを繰り返して，どのような自然数も得られる．

以上の話は一つの対象の視点から議論された．しかし関係は二つ以上の対象の間に成立するという視点に立つことができる．すると互いに特定の関係にある対象の集まりを同定することができる．それは幾何的な表示を示唆する．簡単のため，まず対称な関係，つまり A が B とある関係にあるとき，必ず B も A と同じ関係にあるような関係を論じる．関係が 2 項的，つまり同時に二つの対象のみがかかわるとき，それをグラフ

(1.1.5)

で表せる．つまり，A と B が関係するとき，A と B を頂点とし，その間の関係はそれらをつなぐ辺で描く．そしてもし，C が A とも B とも関係していないならば，どちらともつながない．

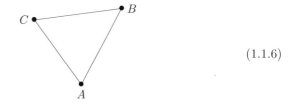

今度は，3 点とも同じ関係にあり得るとき，単に A, B と C の間の二つごとの関係のみが存在する状況

(1.1.6)

を，三つ組 A, B, C に関係がある状況から区別する必要がある．

後者の場合は 3 辺で囲まれた三角形を埋めて描くことにする．もちろん，この仕組みでもっと複雑な関係の配置を幾何的に表現できるが，それは**単体複体**とよばれるものによる．そうすると代数的トポロジーの概念で定性的に異なる状況を区別することができるようになる．そのためには，次の 1.1.3 節で紹介されるオイラー標数よりもっと洗練された不変量が必要となり構成するが，それが（コ）ホモロジー群である．

 (1.1.7)

関係のいくつもの型が存在する．簡単のため，ここでは二つの対象の間の関係のみに絞る．それらは次のいずれかであり得る．

- 辺があることで関係を表すグラフ (1.1.5) の場合のような**離散的** (discrete) 関係
- 近さのような**定性的** (qualitative) 関係
- 2 点間の距離のような**定量的** (quantitative) 関係

1.1.3 抽象化

　抽象化では関連のない細部は無視されるか忘れられて，本質的な側面または性質が同定される．そのような可能性の一つでは，対象の集まりをその個数で記述する．すなわち，個別の，あるいは共有された性質に関係なく，対象がいくつあるかを数える．したがって，有限集合は元の個数，つまり正の整数である N の元で特徴づけられる．しかし多くの場合，対象の**数を数える** (count) だけでなく，それらを**測る** (measure)．計測は普通は整数の代わりに実数を生み出す．古代ギリシャ人が発見したように，すべての実数が二つの整数の比として表せる有理数であるわけではないし，有限個の整数を用いたどのようなやり方でも表せないので，測ることは数えることに還元できない[2]．

　数え上げより粗い区別も存在する．たとえば，数の偶奇性，奇数か偶数かということに注目する．奇数に 1 を当て，偶数に 0 を当てると，整数において知っている操作，加法と乗法を偶奇のみに制限して，$1 + 1 = 0$ なるルール（奇数二つの和は偶数である）を得る．それでもって，二つの元 0, 1 の集合上の代数的構造を得る．その単純さにもかかわらず，この代数的構造は基本的である．

　数え上げと計測はどちらも正数しか使わない．負の数も認めることにすると，相殺の可能性が得られる．言い換えると，符号つきで数え上げられる．たとえば，異なる次元の成分を含む単体複体のような対象があると，偶数次元の成分は正の符号で数え，奇数次元の成分は負の符号で数えることができ

---

[2] 自然は数に帰するというピタゴラス学派の原理は，音楽的調和は周波数の有理数的関係に基づくという発見に示唆されたものである．さらに一般に，物理的に影響しあう要素は，通常は有理数的関係で表される共鳴状態となる．これが，有理数係数の代数方程式の根が普通は有理数でなく，π や e といった数は代数的ですらない，つまり，代数方程式の根としては得られないという事実にもかかわらず，計測が典型的には数えることにやがて帰するとされた理由である．

る．

$$\begin{matrix} \bullet & +1 \\ | & \\ & -1 \\ | & \\ \bullet & +1 \end{matrix} \qquad (1.1.8)$$

この図において寄与を足すと，$+1-1+1=1$ を得る．これがオイラー標数とよばれるものである．（実は，このアイデアはデカルト (Descartes) がすでに発見していた．）これは 1 点と同じである．

$$\bullet \ +1 \qquad (1.1.9)$$

(1.1.9) の 1 点が (1.1.8) の底の頂点を表すとき，その事実は，(1.1.8) の上の頂点と辺が違う次元であるので互いに相殺したと言い表すことができる．実は，この相殺を一つの過程に変えることができる．

$$\begin{array}{cccc} \bullet & \bullet & & \\ | & | & \bullet & \\ | & | & | & \bullet \\ \bullet & \bullet & \bullet & \\ t=0 & t=\frac{1}{3} & t=\frac{2}{3} & t=1 \end{array} \qquad (1.1.10)$$

それは，連続的に全体の配置がある時刻 $t=0$ から，時刻 $t=1$ で 1 点に縮むときまで続く．言い換えると，2 頂点のある辺が 1 頂点に連続的に変形する．どちらの配置も同じオイラー標数（この場合は 1 だが）を持つことはこのような変形が可能であるための必要な（しかし十分でない）条件である．他方，(1.1.9) の 1 点はあり続けて無に変形され得ない．なぜなら，「無」はオイラー標数が 1 の代わりに 0 であるからである．

同じ調子で，3 頂点と 3 辺からなる (1.1.6) の三角形のオイラー標数は $3\cdot(+1)+3\cdot(-1)=0$ であるが，その次の面が埋められた三角形は $+1$ と数える 2 次元の成分が付け加わり，その結果，オイラー標数は $3\cdot(+1)+3\cdot(-1)+1=1$ となる．したがって，この相殺を込めた単純な数え上げが，面の埋まっていない三角形と埋まっているものとが「位相的に異なる」ことを教えてくれる．とくに，一方を他方に変形することはできない．なぜなら，（後で証明するように）位相的不変量は連続変形の下で一定でなければ

ならないからである.もちろん,この単純な例ではこのことは完全に明らかだが,その定式化の効力は一般的であって,まったく明らかでない状況でもこのような結論が得られる.

1.1.4 生成

多くの場合,すべての細部のリストを作って構造を記述するのはきわめて面倒であり,場合によっては不可能でさえある.すべての正整数を同時に挙げることは,そのようなリストは無限であるから,できない.しかし,そうすることはどのみち必要でない.1から出発し,1を繰り返し足すことにより,すべての正整数を得ることができる.1を足す過程は決して終わらないので,アリストテレスの用語でいえば実無限の代わりに,可能無限を得る.したがって,構造(ここでは正整数の集合)の簡潔な記述にとって,生成元(この場合は整数の1)と生成の規則(この例では加法)のみが必要である.この原理は,有限であれ無限であれ,他の数学的構造にも当てはまる.たとえば,(1.1.3) の正方形は,A という1点から中心の周りに回転して他の頂点を生成することができる.したがって,ここでの生成元は頂点 A で,(生成の)操作は回転ということになろう.(もし辺も含めたいのであれば,たとえば A から B への辺から始めれば,他の辺はその辺を回転して得られる.)

より抽象的なレベルでは,数学的言明の証明は前提から論理的推論の規則を適用して生成される.どうするかを一度理解すれば,すべての細部の証明を行うには及ばない.ヘルマン・ワイル [115] が強調したように,重要なことはむしろ数学の創造力である.すなわち,適切な仮定で内容豊かな結果が導かれるような豊かな構造を構成し,または発見することや,このような結果が導けるような数多くの可能性の中から正しい理由づけを特定することである.数学的結果の証明を見つけるのは,次からつぎへと可能性のある形式的仕組みを機械的に試すのではなく,むしろ構造についての洞察を通じてである.

生成の可能性は構造上の規則性による.これは定量化され得る.アルゴリズムに関するコルモゴロフ複雑性は,各構造に対して,それを生成し得る最

短のプログラムの長さを対応させる．構造がより多くの規則性を持てば，それはより簡潔にできて，対応するプログラムはより短くなる．したがって，アルゴリズムの意味で，規則性のある構造は単純であり，見かけの規則性を持たないランダムなものはアルゴリズム的に複雑である．しばしば，複雑に見える構造が単純な規則で生成され得る．たとえば，単純な力学の規則はカオス的アトラクターのように，かなり入り組んだパターンを生み出し得る．

1.2 簡単な歴史的スケッチ

本書は概念が中心で，歴史が中心ではない．歴史的には，数学上の発見は，いつも論理的順番に従ってきたわけではない．多分，むしろ論理的順番の逆であることもしばしばであった．振り返って見れば，一般的な原理はかなり単純に見える一方で，典型的には具体的だが複雑な構造が調べられて，詳細に理解された後に，基にある抽象的原理が現れる．言い換えると，数学者がそう思っているだけかもしれないが，数学的構造や成果が普遍的に有効であることと，歴史的にはそれらが偶然に生み出されたり発見されたことの間には緊張関係がある，あるいは対照的であるといえよう．それゆえ，概念的視点と歴史的視点は必然的に異なる．しかしながら，ここでは大変簡単に，かつかなり表面的にではあるが，数学の原理や構造の歴史をスケッチしてみよう．もちろん，数学史[3]のより体系的探索に代わるべきでないし，置き換えることはできない．

抽象数学は古代ギリシャに始まった．ユークリッド（Euclid, B.C. 300頃）は平面と3次元空間の幾何学に形式的な演繹的体系を発展させた．実際，ユークリッドの『原論』は人類の知的歴史においておそらく聖書に次いで最も数多く翻訳されたテキストであり，最も多く版・刷を重ねている．ユークリッドの演繹的幾何学の体系はいまなお高校数学のカリキュラムの本質的な要素をなしている．アリストテレス (Aristotle, B.C. 384–322) は論

---

[3] 数学史に関する書物はもちろんたくさんある．たとえば，包括的な [21] や [119] である．おそらく自然に，その多くは概念的視点よりは歴史的視点を展開して，われわれの目下の企てにはそれほど役には立たない．私の知る限り，最も体系的かつ包括的な数学的思考の歴史は [68] である．数学の概念の歴史的展開の研究で，歴史的視点を研究の視点と組み合わせたものは，[67, 27] にある．数学史の一般的書物の他に，数学的構造の展開を扱う研究として，集合論についての [37] や代数的構造についての [25] などもある．

理的推論の基本的規則を取り出し，それは西洋思想史において同様に影響力があった．

　ゴットフリート・ヴィルヘルム・ライプニッツ (Gottfried Wilhelm Leibniz, 1646–1716) は記号的言語や体系で思考を形式化するという強力な考えを進めようとした．彼の無限小解析のビジョンは，その記号体系がより優れていたので，ニュートンのそれに勝った．対照的に，（位置の分析を意味する「位置解析」と彼がよんだ）空間的関係の抽象的科学としての幾何学についての考えは，同様の抜本的なインパクトを与えるほどに十分展開されたり整えられたりはしなかった．（詳細な分析については [97] 参照．）しかし，彼は2進法，すなわち，0と1の二つの記号のみを使う計算の規則を発見した．

　レオンハルト・オイラー (Leonhard Euler, 1707–1783) は，ライプニッツの位置解析の考えに触発されて，組合せ論的問題をグラフ理論的問題へと翻訳することができた．すなわち，幾何学的な表現を構成し，翻訳した問題を解くことができた．かなり異なる方向だが，やはりライプニッツのビジョンに触発されて，ヘルマン・グラスマン (Hermann Grassmann, 1809–1877) は今日では線形代数学とよばれる，ベクトルと行列による代数的操作の規則を発展させた．空間の科学は，ベルンハルト・リーマン (Bernhard Riemann, 1826–1866) の多様体と無限小構造から誘導された距離の概念により，決定的な新たな転換を迎えた [96]．多様体は，3次元ユークリッド空間内の幾何的形とは対照的な抽象的対象である．いずれにせよ，リーマンの概念的アプローチは，計算的なあるいはアルゴリズム的なアプローチとは正反対で，大きなインパクトがあった．それに続く形で，ゲオルグ・カントル (Georg Cantor, 1845–1918) は抽象的集合論を作り上げ [20]，エルンスト・ツェルメロ (Ernst Zermelo, 1871–1953) とアブラハム・フレンケル (Abraham Fraenkel, 1891–1965) による公理的集合論は，圏論からの試みに挑戦を受けているにせよ，いまでも最も基本的な数学の基礎だと考えられている．そして，フェリックス・ハウスドルフ (Felix Hausdorff, 1868–1942) は開集合の基礎概念で集合論的なトポロジーを発展させて，一般的に採用されるようになった空間の抽象的概念にたどり着いた．

　リーマンのもともとのアプローチは概念的でアルゴリズム的ではなかったに

せよ．とくにグレゴリオ・リッチ=クルバストロ (Gregorio Ricci-Curbastro, 1853–1925) がリーマン幾何学のテンソル解析を作り上げた．それは，やがて数学の最も強力なアルゴリズム的道具となり，とくにアインシュタインの一般相対性理論，そして現代の量子場の理論の数学的基礎となった．接続の概念，つまり，リーマン多様体の 1 点の無限小幾何から別の点のそれへと移行する方法はトゥーリオ・レヴィ=チヴィタ (Tullio Levi-Civita, 1873–1941) が最初に導入し，さらにヘルマン・ワイル (Hermann Weyl, 1885–1955) がとくに発展させた．（一般的視点については [114] 参照．）ベクトル空間またはリー群といった幾何的構造が多様体の各点についているもの，また別の観点からは多様体の点で添え字づけられている幾何的構造の族，これがファイバー束の概念だが，シャルル・エールスマン (Charles Ehresmann, 1905–1979) により明解になった．

リーマンの仕事はまた，ライプニッツの位置解析への新しい名前，すなわちトポロジーを新たな方向へと導いた．つまり，ホモロジーとコホモロジー理論の発展である．これは，アンリ・ポアンカレ (Henri Poincaré, 1854–1912) とロイツェン・ブラウワー (Luitzen Brouwer, 1881–1966) のトポロジーへの組合せ論的アプローチとして達成された．またポアンカレは，力学系の仕事の中で定性的側面を強調した．

現代代数学，そして自然現象の研究とは異なる自律的な科学としての数学は，カール・フリードリヒ・ガウス (Carl Friedrich Gauss, 1777–1855) の『数論研究』に始まったといわれる．群の概念はガウスと，とくにエヴァリスト・ガロア (Evariste Galois, 1811–1832) の仕事から現れた．フェリックス・クライン (Felix Klein, 1849–1925) は幾何的構造を，構成上の関係を不変にする変換のなす群を通じて定義した．ソーフス・リー (Sophus Lie, 1842–1899) は群論の言葉で，体系的に対称性の理論を展開した．

リーマンの概念的考え方はリヒャルト・デデキント (Richard Dedekind, 1831–1916) の仕事に引き継がれ，今日「現代代数学」とよばれるものをエミー・ネーター (Emmy Noether, 1982–1935) とその学派が展開させた．とくに [111] 参照．それはアンドレ・ヴェイユ (André Weil, 1906–1998) をはじめとする多くの人の手による代数幾何学の新たな基礎づけへとつながり，アレクサンダー・グロタンディーク (Alexander Grothendieck, 1928–2014)

の仕事に結実した．（[4] 参照．）その仕事は代数幾何学と整数論を合体させ，後者の分野に劇的な発展をもたらした．それまで可能だと考えられていたよりも高度なレベルの抽象性で，それは達成された．

このようなレベルの抽象性は，ダーフィト・ヒルベルト (David Hilbert, 1862–1843) の幾何学の公理的基礎づけや数学の他分野に関する仕事において準備されていたが，ブルバキ・グループによる数学の構造主義的考え方への非常に体系的なアプローチにおいて準備された．とくに，重要な（前）層の概念はジャン・ルレイ (Jean Leray, 1906–1998) により導入され，それはグロタンディークの手で基本的道具となった．そして彼はスキームやトポスといった概念を展開した．[4] 参照．

代数的トポロジーの基礎づけの仕事（[31] 参照）をする中で，サミュエル・アイレンベルグ (Samuel Eilenberg, 1913–1998) とソーンダース・マクレーン (Saunders MacLane, 1909–2005) は圏論の構造主義的アプローチを発明した [32]．層，スキーム，そしてトポスはこの枠組みに自然な位置づけがされた．それはさらに論理学に拡大し，幾何と論理の共通の基礎づけを提供する．それは古典的のみならず直観主義的論理もカバーする．後者においては，排中律はもはや成立せず，命題は局所的にのみに真であり，大域的には必ずしも真ではない．トポスの言葉は偶然の真理の構造を扱うことができる．可能世界という，ライプニッツのもう一つの基本的考えを取り上げて，論理学者のサウル・クリプキ (Saul Kripke, 1940–) は論理の可能世界の意味論 [72] を構成したが，トポスの概念がその側面を調べるための抽象的道具を与えることが見出された．

以上の数学の概念の歴史についてのスケッチはきっと非常に上滑りで，多分かなり一面的で，多くの漏れがあることと思う．しかしながら，それは本書で展開され議論される話題のための舞台設定となる．5.1 節で空間の概念を論じるとき，幾何学の歴史へと戻ろう．

第2章 基 礎

2.1 対象，関係と操作

2.1.1 区別

集合 (set) とは，異なる，あるいは区別のつく対象，つまり属している元（要素）の集まりである．しかし，それらの元はどのように区別がつくのか．多分それは，他との対比においてそれらが持っている特定の内在的性質による．さらには，他の元との特定の関係による．

これは，「等しい」対「異なる」，または「区別がつかない」対「区別がつく」といった**同値** (equivalence) の概念へと導く．同一の性質を持つ対象，あるいは他のすべての元と同じ関係にある対象は同値である．というのは，それらは互いに区別ができないからである．したがって，それらを同一視したい，すなわち違うものではなく，同じものとして扱いたい．（しかしながら同一視の仕方はただ一つとは限らないことに注意する．というのも，その対象は内部対称性あるいは自己同型——後に説明する概念——を持つかもしれないからである．）

それで，点集合があるとき，その点を互いに区別することができないかもしれず，したがってそれらすべてを同一視すべきである．すると，得られた集合は唯一の点のみからなる．しかしながら奇妙にも，異なる集合をその点あるいは要素の個数で区別できる．すなわち，集合の要素を区別できるやいなや，異なる集合も区別できる．しかしながら後でわかるように，要素の個

数が同じ二つの集合は,それらの要素自体を二つの集合の間で区別できない限り,互いに区別することはできない.

内在的性質に戻って,一つの要素は,たとえばそれ自体が集合,あるいは空間(後を参照)といった何らかの内部構造を持つかもしれない.または逆に,一つの対象は要素とそれらの間の関係からなるともいえる.いずれにせよ,これはある種のより高次の要素に見える.しかし,基本的な数学的形式主義ではこの種の階層を無視する.(自己言及的なパラドックスが避けられる限り,)集合の集まりは再び集合として扱われる.より抽象的には,後に圏の概念を導入する.

2.1.2 写像

本節では,読者に馴染みのあるだろう初等的概念から出発する.本章で導入する一般的概念のいくつかの例を視覚化するのに便利な道具としての図式を導入するために,それを利用する.またそれは多分,以降の概念的展開の険しさを少しでも和らげるためでもある.

二つの集合 S と T を考える.その要素間の特別な形の関係を考える.

定義 2.1.1 **写像**(map または mapping)$g : S \to T$ とは,要素 $s \in S$ にただ一つの要素 $g(s) \in T$ を対応させるもので,$s \mapsto g(s)$ とも書く.写像 $g : S \to T$ は,$s_1 \neq s_2$ ならば $g(s_1) \neq g(s_2)$ であるとき,**単射** (injective) とよばれる.すなわち,S の異なる要素は,T に異なる像を持つことをいう.写像 $g : S \to T$ は,各 $t \in T$ に対して(一般には唯一ではないが)ある $s \in S$ で $g(s) = t$ となるものが存在するとき,**全射** (surjective) とよばれる.したがって,T のどの点も S の像から外れない.もちろん g が全射でなければ,T を $g(S)$ で置き換えて全射にすることはできる.全射でも単射でもある写像 $g : S \to T$ は**全単射** (bijective) とよばれる.

これは集合 $\{s_1, s_2\}$ から集合 $\{t_1, t_2\}$ への写像を定めない．なぜなら，s_1 はただ一つではなく二つの像を持ち，s_2 は像を持たないからである．

これは写像であるが，t_1 には二つの逆像があるので単射でなく，t_2 は逆像をまったく持たないから全射でもない．

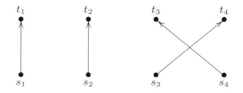

これは $\{s_1, s_2, s_3, s_4\}$ から $\{t_1, t_2, t_3, t_4\}$ への全単射を表す．

ただ一つの元からなる集合 $\{1\}$ を考えよう．S を別の空でない集合とする．すると S の元 s を写像

$$f : \{1\} \to S, \quad f(1) = s \text{ とおく} \tag{2.1.1}$$

で特定できる．したがって，集合 S は写像 $f : \{1\} \to S$ の全体に対応する．集合 $\{1\}$ はどのような集合 S のどの元に対してもある写像 f で向かうことのできる普遍的なスポットライトとして機能する．

S' が S の部分集合のとき，包含写像

$$i : S' \to S$$
$$s \mapsto s \quad (\forall s \in S') \tag{2.1.2}$$

が得られる．この写像 i は単射であり，$S' = S$ の場合を除き全射でない．

より一般に，集合 S と T の間の 2 項関係は順序対の集まり $R = \{(s,t)\}$（ここで $s \in S, y \in T$）により与えられる．関係が写像より一般的である一方，このような関係 R を写像

$$r : S \times T \to \{0,1\}$$
$$r((s,t)) = 1 \quad \text{iff} \quad (s,t) \in R \tag{2.1.3}$$

で表現することができる．したがって，$r((s,t)) = 0$ iff $(s,t) \notin R$ である．ここで，1 は「真」すなわち関係 R が成り立つことを表し，一方で 0 は「偽」すなわち関係 R が (s,t) では成り立たないことを表す．

写像は合成することができる．すなわち，$f : S \to T$ と $g : T \to V$ が写像のとき，写像 $h := g \circ f$ が

$$s \mapsto f(s) \mapsto g(f(s)) \tag{2.1.4}$$

により定義される．つまり，s は写像 g による $f(s)$ の像 $g(f(s))$ に写される．この過程が可能であるためには，f の標的，あるいは**余定義域** (codomain) T が写像 g の**定義域** (domain) と一致する必要がある．

補題 2.1.1 写像の合成は結合的である．つまり，$f : S \to T, g : T \to V, h : V \to W$ が写像のとき，次が成り立つ．

$$h \circ (g \circ f) = (h \circ g) \circ f =: h \circ g \circ f \tag{2.1.5}$$

証明 (2.1.5) のいずれの組み合わせでも，$s \in S$ の像は $h(g(f(s)))$ で同じである． □

括弧 (,) の使い方も説明しよう．表示 $h \circ (g \circ f)$ は最初に合成 $g \circ f$ を計算して——それを η とよぶと，次に合成 $h \circ \eta$ を計算することを意味する．$(h \circ g) \circ f$ ではその逆である．最初に合成 $h \circ g =: \phi$ を計算して，次に $\phi \circ f$ を計算する．(2.1.5) はこの二つの結果が一致することを教える．一般に，括弧 (,) は公式内のさまざまな操作を行う順番をはっきりさせる．場合によっては，順番についての一般的規約があって括弧が必要でない場合もあ

る．たとえば，$a \cdot b + c$ という表示の中で，最初に積 $a \cdot b$ を計算し，次にそれに c を足す．また，二つの表示が等号または不等号の記号で $a + b \leq c \cdot d$ のように結び付いているとき，記号の左側と右側の表示は，それぞれ最初に計算され，次にその結果が比較される．しかしきっと，読者はそれをご存じだろう．このような暗黙の規約をこれから繰り返し使っていく．

2.1.3 冪集合と区別

有限個の元を持つ集合 S を考える．$S = \{s_1, s_2, \ldots, s_n\}$ としよう．S の各元 s に当てはまるか当てはまらないかのどちらかである性質があるとする．s がこの性質を満たすとき $P(s) = 1$ と書き，そうでないとき $P(s) = 0$ と書く．ツェルメロ–フレンケル集合論（2.2 節参照）の分離公理によれば，このような P は $P(s) = 1$ を満たす s からなる部分集合 PS を特定する．つまり

$$PS = \{s \in S : P(s) = 1\}. \tag{2.1.6}$$

逆に，S のどのような部分集合 S' に対しても，性質 $P_{S'}$ を

$$P_{S'}(s) = 1 \quad \text{iff} \quad s \in S' \tag{2.1.7}$$

と定めることができる．したがって，

$$P_{S'}S = S' \tag{2.1.8}$$

である．S のすべての部分集合のなす集合 $\mathcal{P}(S)$ を**冪集合** (power set) とよぶ．各**部分集合** $S' \subset S$ は元 $S' \in \mathcal{P}(S)$ となる．$\mathcal{P}(S)$ の各元は，S の元についての性質 P を持つかどうかという可能な**区別** (distinction) に対応する．

また，S から $\mathbf{2} := \{0, 1\}$ への写像

$$P : S \to \{0, 1\} \tag{2.1.9}$$

として P を解釈することもできる．それで次のようにも記す．

$$\mathcal{P}(S) = \mathbf{2}^S \tag{2.1.10}$$

さて，S が空集合 $\emptyset$ のとき，部分集合の全体である冪集合は，

$$\mathcal{P}(\emptyset) = \{\emptyset\} \tag{2.1.11}$$

である．なぜなら，空集合はすべての集合の部分集合であり，それ自身の部分集合でもあるからである．したがって，空集合の冪集合は空でなく，$\emptyset$ をただ一つの元として含む．これは自明な区別であるが，いずれにせよ区別ではある．

次に $S = \{1\}$ が元をただ一つ（1と記す）含むとき，冪集合は，

$$\mathcal{P}(\{1\}) = \{\emptyset, \{1\}\} \tag{2.1.12}$$

である．なぜなら，2通りの性質または区別があるからである．1が性質を満たさないときは，$PS = \emptyset$ だが，1が性質を満たすときは，$PS = \{1\}$ である．

二つの元を持つ $S = \{1, 2\}$ に移って，このとき

$$\mathcal{P}(\{1,2\}) = \{\emptyset, \{1\}, \{2\}, \{1,2\}\} \tag{2.1.13}$$

である．なぜなら，性質を満たす元が一つもないか，両方とも満たすか，どちらか一つのみ満たすかのいずれかだからである．すなわち，二つの元について，4通りの区別ができる．

このパターンを追い続けると，n 個の元を持つ集合の冪集合は 2^n 個の元を持つことがわかる．したがって，冪集合のサイズは，元の集合のサイズの関数として指数関数的に増大する．

次に，無限集合に向かおう．正の整数全体 $\mathbb{N} = \{1, 2, 3, \ldots\}$ から出発して，もし**単射**

$$i : \mathbb{N} \to S \tag{2.1.14}$$

が存在するとき，集合 S は**無限** (infinite) といわれる．$\mathbb{N}$ には，$\mathbb{N}$ の元をすべては含まない無限部分集合がある．たとえば，正の偶数の集合 $2\mathbb{N} = \{2, 4, 6, \ldots\}$ は無限である．なぜなら単射 $i : \mathbb{N} \to 2\mathbb{N}$, $i(n) = 2n$ $(n \in \mathbb{N})$

2.1 対象，関係と操作 **21**

が存在するからである．実はこの場合，この写像 i は全単射ですらある．他の集合 S で，素朴な観点からは $\mathbb{N}$ より明らかに大きそうだが，全単射 $i : \mathbb{N} \to S$ が存在するような集合 S が存在する．たとえば，正整数 n, m のすべての対の集合 $S = \{(n, m)\}$ を考えよう．全単射を次のやり方で構成する．

$$1 \mapsto (1, 1),$$
$$2 \mapsto (1, 2), \quad 3 \mapsto (2, 1),$$
$$4 \mapsto (1, 3), \quad 5 \mapsto (2, 2), \quad 6 \mapsto (3, 1),$$
$$7 \mapsto (1, 4), \quad \ldots,$$

すなわち，各 $k \in \mathbb{N}$ に対して $n + m = k$ となる有限個の対を列挙する．そうしたら次に $k+1$ に移る．同様に，各 $N \in \mathbb{N}$ に対して $\mathbb{N}$ と $\mathbb{N}$ の元の N 個組の集合との間の全単射を構成できる．

しかしながら，これは $\mathbb{N}$ と $\mathcal{P}(\mathbb{N})$ の間では可能ではない．各 $X \in \mathcal{P}(\mathbb{N})$ は $\mathbb{N}$ の中での区別，すなわち，各 $n \in \mathbb{N}$ について確かめられる性質に対応する．そして，その性質を満たす n の全体が集合 X に対応する．これを

$$100110100 \cdots \tag{2.1.15}$$

のような 2 進列で表すこともできる．これは，整数 $1, 4, 5, 7, \ldots$ は性質を満たし，一方 $2, 3, 6, 8, 9, \ldots$ は満たさないことを意味する．さて，カントルの有名な対角線論法を記述しよう．それは，このような 2 進列 σ 全体のなす集合は $\mathbb{N}$ と全単射で対応することはできないというものだ．議論は背理法で進められる．このような全単射対応 $i : n \mapsto \sigma_n$ があったとする．このとき，次のように構成される数列 σ' を考える．$\sigma_k(k) = 1$ のときは $\sigma'(k) = 0$ とおき，$\sigma_k(k) = 0$ のときは $\sigma'(k) = 1$ とおく．すると，k 番めの場所で σ' は σ_k とは異なる．したがって，すべての k について σ' が σ_k と異なる場所があることになる．ゆえに，σ' はすべての数列 σ_k と異なる．しかし，これは対応 i が全射でないことを意味し，矛盾となる．

一般に，元の集合においてはその要素の有無よりもっと多くの区別が可能という意味で，集合 S の冪集合 $\mathcal{P}(S)$ は S 自身よりも常に「より大きい」．

カントルの議論は

$$i : \mathbb{N} \to \mathbf{2}^{\mathbb{N}} \tag{2.1.16}$$

という全射が存在しないことを示した．そこで，この議論と結果を一般化しよう（読者は最初に読まれるときはこの節の残りを飛ばしても構わない）．そして，非常に特別な状況下のみでしか，全射

$$f : S \to \Lambda^S$$
$$x \mapsto f_x : S \to \Lambda \tag{2.1.17}$$

が存在しないことを示そう．ここで，

$$\Lambda^S := \{\lambda : S \to \Lambda\} \tag{2.1.18}$$

は，S から Λ への写像の集合である．各写像 $f : S \to \Lambda^S$ は（全射であろうとなかろうと）

$$\tilde{f} : S \times S \to \Lambda$$
$$\tilde{f}(x, y) = f_x(y) \tag{2.1.19}$$

を誘導する．すなわち，x ごとに写像 $f_x : S \to \Lambda$ があり，$y \in S$ に適用できる．すると次が成り立つ．

補題 2.1.2 もしも全射

$$g : S \to \Lambda^S \tag{2.1.20}$$

があれば，各写像

$$\lambda : \Lambda \to \Lambda \tag{2.1.21}$$

は固定点を持つ，すなわち，$\ell \in \Lambda$ が存在して次が成り立つ．

$$\lambda(\ell) = \ell \tag{2.1.22}$$

証明 対角埋め込み

$$\Delta : S \to S \times S$$
$$x \mapsto (x, x) \tag{2.1.23}$$

と，(2.1.19) を思い起こして写像

$$\phi := \lambda \circ \tilde{g} \circ \Delta : S \to \Lambda \tag{2.1.24}$$

を考える．2.3 節で紹介される圏論の記号を先取りするならば，これを図式

$$\begin{array}{ccc} S \times S & \xrightarrow{\tilde{g}} & \Lambda \\ {\scriptstyle \Delta}\uparrow & & \downarrow{\scriptstyle \lambda} \\ S & \xrightarrow{\phi} & \Lambda \end{array} \tag{2.1.25}$$

で表現することができる．

さて，g が全射ならば，ある $x_0 \in S$ があって，

$$g(x_0) = \phi \text{ あるいは同値な } \tilde{g}(x_0, y) = \phi(y) \ (\forall y \in S) \tag{2.1.26}$$

となるはずであり，とくに，

$$\tilde{g}(x_0, x_0) = \phi(x_0) \tag{2.1.27}$$

となる．ここが対角線論法である．するとしかし

$$\phi(x_0) = \lambda \circ \tilde{g} \circ \Delta(x_0) = \lambda \circ \tilde{g}(x_0, x_0) = \lambda(\phi(x_0))$$

となる．すなわち，

$$\ell = \phi(x_0)$$

は (2.1.22) を満たす．つまり，ℓ は固定点である． $\square$

さて，もちろん $\Lambda = \{0, 1\}$ に対しては，$\lambda(0) = 1$, $\lambda(1) = 0$ なる写像 λ は固定点を持たない．したがって，どのような S, とくに $S = \mathbb{N}$ に対しても，全射 $g : S \to \{0, 1\}^S$ は存在しない．したがってカントルの結果が成り立つ．上記の証明では，カントルのアイデアが対角写像 Δ と公式 (2.1.27) に移植されたことに注意する．

もっと一般に，1個より多く元を持つどのような集合 Λ 上でも，元を置換して，固定点を持たない写像を構成できる．したがって，上の論法が背理法に移し替えられる．1個より多く（たとえば2個）の元を持つどのような集合 Λ に対しても，全射 (2.1.20) の存在は矛盾に導く．

2.1.4 構造

2.1.4.1 2項関係

さて，一つの集合 S に注目する．**構造** (structure) とは集合 S の元の間の関係からなる．関係は，しばしば空間的な関係として思い浮かべたり想像したりされる．それは以下で定義される**空間** (space) の概念へと導く．そして**幾何学** (geometry) の領域へと導かれる．

集合 S 上の**関係** (relation) とは値域の集合を R として写像

$$F: S \times S \to R \tag{2.1.28}$$

で与えられる．（第3章で，S の二つより多くの元に関する関係も考察する．）

定義 2.1.2 二つの関係を持つ集合 (S_1, F_1) と (S_2, F_2) が共通の値域 R を持つとき，写像 $\phi: S_1 \to S_2$ は次を満たすなら**準同型** (homomorphism) とよばれる．（準同型は構造を保つという意味である．）すなわち，$r \in R$ に対して，

$$F_1(s, s') = r \text{ ならば } F_2(\phi(s), \phi(s')) = r \quad (\forall s, s' \in S_1). \tag{2.1.29}$$

このとき，$\phi: (S_1, F_1) \to (S_2, F_2)$ とも書き表す．

定義 2.1.3 $F: S \times S \to R$ を関係，$\phi: S' \to S$ を写像とする．このとき，**引き戻しの関係** (pullback relation) $\phi^* F: S' \times S' \to R$ を

$$\phi^* F(s', s'') = F(\phi(s'), \phi(s'')) \quad (s', s'' \in S') \tag{2.1.30}$$

と定義する．

とくに，$S' \subset S$ のとき，包含写像 (2.1.2) により関係を S から S' へ引き戻

すことができる．

この定義で，
$$\phi : (S', \phi^* F) \to (S, F) \tag{2.1.31}$$
は準同型になる．この観察を原理として記録しておく．

定理 2.1.1 関係は写像により引き戻せて，対応する写像は準同型になる．

最も簡単な関係は 2.1.2 節の最後に説明した 2 項関係である．すなわち，二つの元が関係にあるか，ないかのどちらかである．S を問題になる集合として，(2.1.3) によれば，この関係は
$$F : S \times S \to \{0, 1\} \tag{2.1.32}$$
として表される．これは**有向グラフ** (directed graph) として知られ，**ダイグラフ** (digraph) ともよばれる．それは S を頂点集合とし，順序対 $(s_1, s_2) \in S \times S$ が $F(s_1, s_2) = 1$ のとき辺とする．それを s_1 から s_2 への辺ともいう．

これは辺 $(s_1, s_2), (s_2, s_3), (s_3, s_2)$ のダイグラフを描いている．

F が**対称**である，すなわち任意の s_1, s_2 について $F(s_1, s_2) = F(s_2, s_1)$ であるとき，普通は短く単に**グラフ** (graph) とよばれる非有向グラフを与える．グラフの図をいくつか挙げる．

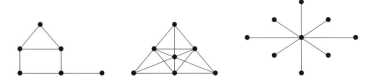

2 番めと 3 番めは高度に対称的だが，最初のものには何も対称性がない．ここで，**対称性** (symmetry) とは頂点集合からそれ自身への全単射準同型

h のことをいう．準同型というのは，辺の関係を（保つことを）指す．つまり，(s_1, s_2) が辺であるのはちょうど $(h(s_1), h(s_2))$ が辺であることを意味する．自己同型群の議論を先取りすると，このような対称性同士は合成できる．すなわち，h_1 と h_2 が対称性なら，$h_2 \circ h_1$ も対称性である．練習問題として，読者は右の二つのグラフのすべての対称性とその結合規則を決定してみるとよい．最後のグラフについての答えは，中央の頂点はどの対称性でも固定されねばならず，他の 8 個の頂点のどのような置換も対称性をもたらす．

さて，関係の重要な型を導入する．

定義 2.1.4 2 項関係 F が

反射性：任意の s について $F(s, s) = 1$

推移性：もし $F(s_1, s_2) = 1$ かつ $F(s_2, s_3) = 1$ であるとき，$F(s_1, s_3) = 1$ である

対称性：$F(s_1, s_2) = F(s_2, s_1)$

を満たすとき，F は S 上の**同値関係** (equivalence relation) を定めるという．この場合，$F(s_1, s_2) = 1$ を通常 $s_1 \equiv s_2$ と書く．そして，S の同値関係 F による商 S/F を，$s \in S$ の同値類

$$[s] := \{s' \in S : s' \equiv s\} \tag{2.1.33}$$

を元とする集合と定める．

本節では，代数的構造を幾何的に説明するためにいくつかのグラフやダイグラフを描く．頂点からそれ自身に戻る辺は通常は省く．つまり，反射的関係を描くとき，反射性条件はいつも仮定し描かない．

ここで，2 頂点 s, s' は $F(s_1, s_2) = 1$ のとき，およびそのときに限り辺で結ぶ．この 1 番めと 3 番めのグラフは同値関係を表すが，2 番めは表さな

い．なぜなら，推移的でないからである．

S 上の同値関係 F を S の同値類への分割と見ることができる．商 S/F において，同値関係は等号に変わり，$[s_1] = [s_2]$ iff $s_1 \equiv s_2$ である．$[s] = [s']$ のとき $F_q([s],[s']) = 1$ で，そうでないとき $= 0$ とおくことにより，S/F 上の誘導された関係 F_q が得られる．すると写像

$$q : S \to S/F$$
$$s \mapsto [s] \tag{2.1.34}$$

は準同型である．したがって，同値関係 F は S からその商 S/F への写像 (2.1.34) を誘導する．逆に，写像 $\phi : S \to S'$ は

$$F(s_1, s_2) = 1 \quad \text{iff} \quad \phi(s_1) = \phi(s_2) \tag{2.1.35}$$

により同値関係を定義する．つまり，ϕ による像が同一である S の元同士を同一視する．すると，像 $\phi(S) \subset S'$ が商 S/F となる．

S 上には，$s_1 = s_2$ のときのみ $F_0(s_1, s_2) = 1$ とする自明な同値関係 F_0 が常に存在する．

定義 2.1.5 2 項関係 F が

反射性：任意の s について $F(s,s) = 1$
推移性：$F(s_1,s_2) = 1$, $F(s_2,s_3) = 1$ であるとき，$F(s_1,s_3) = 1$ である
反対称性：$F(s_1,s_2) = 1$ かつ $F(s_2,s_1) = 1$ であるとき，$s_1 = s_2$ である

を満たすとき，(S, F) は**半順序集合**（partially ordered set または poset）を定めるという．この場合，$F(s_1, s_2) = 1$ の代わりに通常 $s_1 \leq s_2$ と書く．半順序は S の元の（部分的な）順位づけを与える．

ここでも，2 番めのグラフも 4 番めのものも推移的ではなく，半順序集合を表さないが，残りの二つは表す．2 頂点間に互いに反対向きの二つの矢が

あるグラフは反対称ではなく，半順序集合を表さない．

定義 2.1.6 束 (lattice) とは半順序集合 $(S, \leq)$ であり，どの 2 元 s_1, s_2 に対しても，ただ一つの最大下界，すなわち，ある元 $\underline{s}$ で

$$\underline{s} \leq s_1, \ \underline{s} \leq s_2 \ \text{であり}, \ s \leq s_1, \ s \leq s_2 \ \text{のとき} \ s \leq \underline{s} \quad (2.1.36)$$

を満たすもの——これは $s_1 \wedge s_2$ と書かれ，s_1 と s_2 の**交わり** (meet) とよばれる——が存在し，またただ一つの最小上界，すなわち，ある元 $\bar{s}$ で

$$s_1 \leq \bar{s}, \ s_2 \leq \bar{s} \ \text{であり}, \ s_1 \leq s, \ s_2 \leq s \ \text{のとき} \ \bar{s} \leq s \quad (2.1.37)$$

を満たすもの——これは $s_1 \vee s_2$ と書かれ，s_1 と s_2 の**結び** (join) とよばれる——が存在するもののことである．

この半順序集合は束ではない．なぜなら，ただ一つの最大下界も最小上界も持たないからである．

操作 $\wedge$ と $\vee$ が結合的かつ可換であることの検証は読者に任せる．たとえば，$\wedge$ の結合性はいつでも

$$(s \wedge s') \wedge s'' = s \wedge (s' \wedge s'') \quad (2.1.38)$$

が成立することを意味し，可換性はいつでも

$$s \wedge s' = s' \wedge s \quad (2.1.39)$$

が成立することを意味する．これらの概念は後の定義 2.1.12 および定義 2.1.13 で取り上げられる．

定義 2.1.7 束が次の性質を満たす元 0, 1 を含むとき，それは ((2.1.32) での値と混同しないでほしいが) 0 と 1 を持つという．

$$0 \leq s \leq 1 \quad (\forall\, s \in S) \tag{2.1.40}$$

上の定義と同値なことだが，0と1を持つ束とは，二つの結合的かつ可換な2項演算 ∧（「かつ」）と ∨（「または」）を備え，さらに二つの元 0, 1 で次を満たすものを持つ集合のことである．これを確かめることは読者に任せる．

$$s \wedge s = s, \quad s \vee s = s \tag{2.1.41}$$

$$1 \wedge s = s, \quad 0 \vee s = s \tag{2.1.42}$$

$$s \wedge (s' \vee s) = s = (s \wedge s') \vee s \quad (\forall s, s') \tag{2.1.43}$$

順序は以上の条件から，$s \leq s'$ であるのは $s \wedge s' = s$ となるとき，あるいは同値なことだが $s \vee s' = s'$ となるときと規定することにより回復できる．同値性を示すことは，上記の ∧ と ∨ の性質が定義 2.1.5 の意味の順序を定めることを確認することとなる．したがって，ここでは演算（操作）からある構造が回復できた．この観点は後の 2.1.6 節で取り上げられる．

2.1.4.2　距離

F の値域が大きいほど，より一般の関係が得られる．

$$F : S \times S \to \mathbb{R} \tag{2.1.44}$$

からは，$F(s_1, s_2)$ を s_1 から s_2 への辺の重みとする重みつき有向グラフの構造が得られる．

$$F : S \times S \to \mathbb{R}^+ \;（非負実数全体） \tag{2.1.45}$$

が対称，すなわち任意の s_1, s_2 について $F(s_1, s_2) = F(s_2, s_1)$ であり，三角

不等式

$$F(s_1, s_3) \leq F(s_1, s_2) + F(s_2, s_3) \quad (\forall s_1, s_2, s_3) \tag{2.1.46}$$

を満たすと要請すると，**擬距離** (pseudometric) の概念を得る．

点 s, s' が $F(s, s') = 0$ を満たすとき，(2.1.46) により $F(s, \sigma) = F(s', \sigma)$ がすべての他の σ について成り立つ．したがって，擬距離の言葉による他の元との関係では s と s' は区別できない．そこで，先に記した一般的原理に従うとそれらは同一視されるべきとなる．(同値関係の定義では，$F(s_1, s_2) = 1$ である元同士を同一視したが，もちろん，代わりに $F(s_1, s_2) = 0$ である元同士を同一視しても同じことである．擬距離について，これが同値関係を定めることは，読者がチェックすべき練習問題である．) このように同値な点をすべて同一視して，もとの集合の商である新しい集合 $\overline{S}$ と誘導された距離 $\overline{F}$ を得る．ここで，$\overline{F}$ の代わりに距離に対する標準的な記号 d を使うと，

$$x_1, x_2 \in \overline{S} \text{ について } x_1 \neq x_2 \text{ のとき } d(x_1, x_2) > 0 \tag{2.1.47}$$

となる．これも加えた条件が満たされるとき，$d(.,.)$ は**距離** (metric) とよばれ，(S, d) を距離空間という．(空間の概念は後に定義される．)

距離は近さの定量的概念を与える．それはたとえば，次のような意味である．

$$d(x, y) < d(x, z) \tag{2.1.48}$$

であるとき，y は z よりも x に近いといえるだけでなく，その差も定量化できる．

例

1. 実数直線 $\mathbb{R}$ 上で，次のユークリッドの距離がある．

$$d(x, y) = |x - y| \quad (x, y \in \mathbb{R}) \tag{2.1.49}$$

2. より一般に，d 個組 $(x^1, \ldots, x^d)$ ($x_i \in \mathbb{R}, \ i = 1, \ldots, d$) の集合である $\mathbb{R}^d$ 上で，ユークリッドの距離

$$d(x,y) = \sqrt{\sum_{i=1}^{d}(x^i - y^i)^2} \quad (x = (x^1,\ldots,x^d),\ y = (y^1,\ldots,y^d)) \quad (2.1.50)$$

がある．これはもちろん，$d=1$ のとき (2.1.49) になる．

3. どのような集合 S 上にも，次で距離を定めることができる．

$$d(s_1, s_2) = \begin{cases} 0 & (s_1 = s_2 \text{ のとき}) \\ 1 & (s_1 \neq s_2 \text{ のとき}) \end{cases} \quad (2.1.51)$$

したがって，どの異なる 2 点も互いに同じ距離にある．3 点の集合では次の図のように見える．

この距離は，2 点が同じか異なるかの他に何の区別も与えないという意味で自明である．

4. 集合 S 上の距離 d は，どのような $s \neq s' \in S$ に対しても，$s_0 = s$, s_1, $\ldots, s_n = s' \in S$ が存在して

$$d(s_{i-1}, s_i) = 1 \quad (i = 1,\ldots,n) \text{ かつ } d(s, s') = n \quad (2.1.52)$$

となるとき，連結グラフを定めるという．そして，対 (s_1, s_2) は $d(s_1, s_2) = 1$ であるときに辺を定めるとする．

条件の第 1 の部分は，どの 2 元も辺の鎖で結べることをいっている．その意味でグラフは連結である．条件の第 2 の部分は，グラフの 2 頂点間の距離は一方から他方へ至るのに必要な辺の最小数であることを意味する．

5. 長さ n の 2 進列，つまり $(b_1 b_2 \cdots b_n)$ $(b_i \in \{0, 1\})$ の形をした対象の集合上で，ハミング (Hamming) 距離は二つの列 $b = (b_1 b_2 \cdots b_n)$, $b' = (b'_1 b'_2 \cdots b'_n)$ がどれだけの位置で食い違うかを勘定する．つまり次の値である．

$$d(b, b') = \sum_{i=1}^{n} |b_i - b'_i| \tag{2.1.53}$$

6. $S' \subset S$ であるとき，S 上の距離は S' 上の距離を包含写像 $i : S' \to S$ ((2.1.2) 参照) による引き戻しで誘導する．

d が S 上の距離で写像 $\phi : S' \to S$ が与えられたとき，$\phi^* d$ は ϕ が単射のときのみ S' 上の距離となる．そうでないときは，擬距離にすぎず，距離を得るためには ϕ による像が同じ点を同一視する商に移行する必要がある．

次の定義は擬距離に対しても同様に機能するが，距離空間に対してのみ定式化される．このように制限する理由は，一般的な擬距離よりも距離空間に対する内容の方がより興味深く有用であるからだ．

定義 2.1.8 (S, d) を距離空間とする．

$$d(x, y) = d(x, z) + d(y, z) \tag{2.1.54}$$

が成り立つとき，つまり三角不等式 (2.1.46) が等式となるとき，$z \in S$ は x と y の**間にある** (between) という．

S の部分集合 C について，どの $x, y \in C$ についても，x と y の間にある点がすべて C に含まれるとき，C は**凸** (convex) であるという．

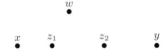

平面 $\mathbb{R}^2$ のユークリッド距離に関して，点 z_1 と z_2 は x と y の間にあるが，w はそうではない．

自明な距離 (2.1.51) について，どのような点 z も他の 2 点 x と y の間にはない．したがって，集合 S のどのような部分集合もその自明な距離で凸である．

定義 2.1.9 (S, d) を距離空間，$p_1, \ldots, p_n \in S$ をその点とする．このとき，q への代入で

$$\sum_{i=1,\ldots,n} d^2(p_i, q) \tag{2.1.55}$$

を最小にする点 $b \in S$ は[1], $p_1, \ldots, p_n$ の重心とよばれる. また,

$$d(p_1, m) = d(p_2, m) = \frac{1}{2} d(p_1, p_2) \tag{2.1.56}$$

となっている点 $m = m(p_1, p_2) \in S$ は p_1 と p_2 の中点とよばれる.

とくに, 中点 $m(p_1, p_2)$ は定義 2.1.8 の意味で p_1 と p_2 の間にある. 中点 m は, 存在すれば p_1 と p_2 の重心である. これは簡単にわかる. a を S の任意の点とし, $d(p_1, a) = \lambda d(p_1, p_2)$ とおく. ($\lambda \leq 1$ としてよい. さもなくば, p_2 は (2.1.55) で a よりは小さい値を与えるだろう.) 三角不等式により, $d(p_2, a) \geq (1 - \lambda) d(p_1, p_2)$ となる. したがって,

$$d^2(p_1, a) + d^2(p_2, a) \geq \lambda^2 d^2(p_1, p_2) + (1-\lambda)^2 d^2(p_1, p_2)$$
$$\geq \frac{1}{2} d^2(p_1, p_2) = d^2(p_1, m) + d^2(p_2, m)$$

となり, 中点は確かに (2.1.55) の最小値を与える.

中点の別の特徴づけがあり, 5.3.3 節で関連してくることになる. 中心 p で半径 r の**閉球** (closed ball) を

$$B(p, r) := \{q \in S : d(p, q) \leq r\} \quad (p \in S,\ r \geq 0) \tag{2.1.57}$$

とおく. 与えられた $p_1, p_2 \in S$ に対して,

$$B(p_1, r) \cap B(p_2, r) \neq \emptyset \tag{2.1.58}$$

となる最小半径 $r = r(p_1, p_2)$ を求める. そこで次の観察をする.

補題 2.1.3 次は同値である.

(i) $p_1, p_2 \in S$ は中点を持つ.
(ii) $r(p_1, p_2) = \frac{1}{2} d(p_1, p_2)$

S が有限のとき, 重心は常に存在するが, 中点は必ずしも存在しない. 重

---

[1] [訳注] $b = \mathrm{argmin}_q \sum_{i=1,\ldots,n} d^2(p_i, q)$ とも書く.

心も中点も一意的とは限らない．距離 (2.1.51) に対して，($p_1 = p_2$ の場合を除き）中点は存在しないが，どの p_i も $p_1, \ldots, p_n$ の重心である．(2.1.52) で特徴づけられる連結グラフ上で，s と s' が（必ずしも一意でない）中点を持つのは，それらの距離がちょうど偶数であるときである．

2.1.5 ハイティング代数とブール代数

本節では束の特別なクラスであるハイティング代数とブール代数を考察する．これらは，最後の方のトポスの議論で重要な役割を果たすだろう．また位相の議論でも登場する．それでも，構造の一般的かつ抽象的側面に主に関心のある読者は最初に読むときに本節を飛ばし，後で戻ってくるので構わない．

定義 2.1.10 0 と 1 を持つ束は，任意の s, s' について**含意** (implication) とよばれる（ただ一つの）元 $s \Rightarrow s'$ であって

$$t \leq (s \Rightarrow s') \quad \text{iff} \quad t \wedge s \leq s' \tag{2.1.59}$$

を満たすものが存在するとき，**ハイティング代数**とよばれる．元

$$\neg s := (s \Rightarrow 0) \tag{2.1.60}$$

は s の**擬補元** (pseudo-complement) とよばれる．

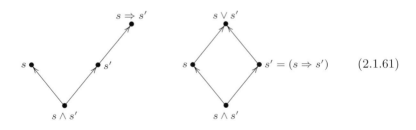

$$\tag{2.1.61}$$

この図式において（推移律で要求される一番下から一番上への矢は示していないが），$s \Rightarrow s'$ は s' の上にあるが，s より上にあることはできない．つまり $s \wedge (s \Rightarrow s') = s \wedge s'$ を満たさねばならず，実際そのような元の中で一

番上の元である．擬補元については，次の図式を描こう（やはり推移律で要求される矢は示していない）．

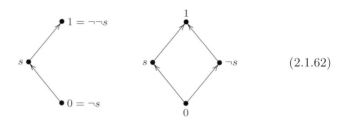
(2.1.62)

ハイティング代数においては，

$$(((s \Rightarrow s') \wedge s) \Rightarrow s') = 1 \tag{2.1.63}$$

が成り立つ．なぜなら，$t \leq (((s \Rightarrow s') \wedge s) \Rightarrow s')$ ((2.1.59) と $\wedge$ の結合則により) iff $t \wedge (s \Rightarrow s') \wedge s \leq s'$ ((2.1.59) により) iff $t \wedge (s \Rightarrow s') \leq (s \Rightarrow s')$ という同値が成り立つ．この最後の式は $\wedge$ の定義によりすべての t について満たされる．最後に，任意の t について $t \leq \sigma$ である元 σ は 1 でなければならないことが，(2.1.40) から従う．初等的な論理の用語でいうと，(2.1.63) は「モーダスポネンス」は常に有効であることをいう．この定式化の練習問題として，$t \Rightarrow (s \Rightarrow s') = t \wedge s \Rightarrow s'$ を確認するとよいだろう．

ハイティング代数の概念をさらに発展させるには，順序関係 $\leq$ を持ち出さずにハイティング代数の定義 2.1.10 を再定式化するのが便利である．

補題 2.1.4 ハイティング代数とは，2 種類の結合的かつ可換な 2 項演算 $\wedge$, $\vee$ と二つの特別な元 $0, 1$ が与えられて次を満たし，

$$x \wedge x = x, \quad x \vee x = x \tag{2.1.64}$$

$$1 \wedge x = x, \quad 0 \vee x = x \tag{2.1.65}$$

$$x \wedge (y \vee x) = x = (x \wedge y) \vee x \quad (\forall x, y) \tag{2.1.66}$$

そして，次で特徴づけられる 2 項演算 $\Rightarrow$ が与えられた集合のことである．すなわち，どの y, z に対しても，（ただ一つの）元 $y \Rightarrow z$ が存在して次を満

たす.

$$x \wedge (y \Rightarrow z) = x \quad \text{iff} \quad x \wedge y \wedge z = x \wedge y \quad (\forall x) \qquad (2.1.67)$$

証明 関係 (2.1.64)–(2.1.66) は単に (2.1.41)–(2.1.43) であり，そこで説明したようにこれらの演算から順序関係 $\leq$ が回復できる．$x \leq y$ であるのはちょうど $x \wedge y = x$ あるいは同値な $x \vee y = x$ のときである． □

したがって，(2.1.67) は

$$x \leq (y \Rightarrow z) \quad \text{iff} \quad x \wedge y \leq z \quad (\forall x) \qquad (2.1.68)$$

とも書くことができる．

$\wedge$ の対称性により，次の対称性を得る．

$$x \leq (y \Rightarrow z) \quad \text{iff} \quad y \leq (x \Rightarrow z) \qquad (2.1.69)$$

これ以降は括弧を外して，たとえば次のように書こう．

$$(x \vee y) \leq (w \Rightarrow z) \text{ の代わりに } x \vee y \leq w \Rightarrow z \qquad (2.1.70)$$

つまり，演算 $\vee, \wedge, \Rightarrow$ は関係 $\leq$ の前に実行される．$\leq$ の代わりに，$=$ に対しても同様である．

補題 2.1.5 ハイティング代数は分配法則を満たす．

$$(x \vee y) \wedge z = (x \wedge z) \vee (y \wedge z) \quad (\forall x, y, z) \qquad (2.1.71)$$

証明 証明のために，次に注意しよう．

$$x = y \quad \text{iff} \quad \forall w : (x \leq w \text{ iff } y \leq w) \qquad (2.1.72)$$

実際，これは (2.1.72) に $w = x$ と $w = y$ を代入することと順序の反対称性により，どの半順序集合でも成り立つ．

そこで，次のように同値な言い換えで示せる．

((2.1.68) により) $(x \vee y) \wedge z \leq w$ iff $x \vee y \leq z \Rightarrow w$
iff ($x \leq z \Rightarrow w$ かつ $y \leq z \Rightarrow w$) iff $(x \wedge z) \vee (y \wedge z) \leq w$

$\square$

同様に，$\Rightarrow$ に対する分配法則が成り立つ．

補題 2.1.6 ハイティング代数は任意の x, y, z について

$$(x \vee y) \Rightarrow z = (x \Rightarrow z) \wedge (y \Rightarrow z) \quad (2.1.73)$$

および

$$x \Rightarrow (y \wedge z) = (x \Rightarrow y) \wedge (x \Rightarrow z) \quad (2.1.74)$$

を満たす．

(2.1.73) においては $\vee$ と $\wedge$ の両方があるのに対し，(2.1.74) では $\wedge$ のみであることに注意する．

証明 (2.1.69) により，$w \leq (x \wedge y) \Rightarrow z$ iff $x \vee y \leq w \Rightarrow z$ iff ($x \leq w \Rightarrow z$ かつ $y \leq w \Rightarrow z$) iff (再度 (2.1.69) を使って) ($w \leq x \Rightarrow z$ かつ $w \leq y \Rightarrow z$) iff $w \leq (x \Rightarrow z \wedge y \Rightarrow z)$ となる．これで (2.1.73) が示せた．(2.1.74) の証明は読者に任せる． $\square$

以下で用いる規則がさらにいくつかある．

$$x \Rightarrow x = 1 \quad (2.1.75)$$
$$x \wedge (x \Rightarrow y) = x \wedge y \quad (2.1.76)$$
$$y \wedge (x \Rightarrow y) = y \quad (2.1.77)$$
$$(x \Rightarrow (y \wedge x)) = x \Rightarrow y \quad (\forall x, y) \quad (2.1.78)$$

たとえば，(2.1.78) は (2.1.74) と (2.1.75) からただちに従う．他の等式は練習問題として残しておく．

(2.1.60) と (2.1.73) はド・モルガンの法則の一つを導く．

$$\neg(x \vee y) = \neg x \wedge \neg y \tag{2.1.79}$$

(もう一つのド・モルガンの法則 (2.1.84),すなわち $\neg(x \wedge y) = \neg x \vee \neg y$ は一般のハイティング代数では成立せず,ブール代数においてのみ成立する.後の 4.1 節で導入される位相空間 X の開集合のなす代数 $\mathcal{O}(X)$ で,読者はこのことを確かめられる.)

一般のハイティング代数の扱いを締めくくろう.

補題 2.1.7 0 と 1 を持つ束 L が (2.1.75)–(2.1.78) を満たす 2 項演算 $\Rightarrow$ を持つならば,それは L 上にハイティング代数の構造を定める.

したがってハイティング代数の構造は,二つの 2 項演算 $\wedge$ と $\Rightarrow$ から回復される.

証明 条件 (2.1.75)–(2.1.78) が満たされるとき,(2.1.67) の両辺が同値であることを示す必要がある.そこで,左から右へ行くために,$x \wedge (y \Rightarrow z) = x$ を仮定する.すると,$x \wedge y = x \wedge y \wedge (y \Rightarrow z)$ となるが,これは (2.1.76) により $= x \wedge y \wedge z$ である.ゆえに,(2.1.67) の右辺が成り立つ.逆に,

$x = x \wedge (y \Rightarrow x)$　((2.1.77) により)

　$= x \wedge (y \Rightarrow (y \wedge x))$　((2.1.78) により)

　$= x \wedge (y \Rightarrow (x \wedge y \wedge z))$　((2.1.67) の右辺が成立するとき)

　$= x \wedge ((y \Rightarrow z \wedge y) \wedge (y \Rightarrow x))$　((2.1.77) で x と y の役割を入れ替えて)

　$= x \wedge (y \Rightarrow z)$　((2.1.78) と (2.1.76) により)

これは (2.1.67) の左辺である.　　□

定義 2.1.11 最後に,ブール代数はハイティング代数であって,各元 s の擬補元 $\neg s$ が次を満たすものである.

$$s \vee \neg s = 1 \text{ かつ } s \wedge \neg s = 0 \tag{2.1.80}$$

$\neg s$ は s の補元 (complement) とよばれる.

とくに，ブール代数においては次が成り立つ．
$$\neg\neg s = s \quad (\forall s) \tag{2.1.81}$$
一般のハイティング代数では，しかしながらこれは成立せず，
$$s \leq \neg\neg s \tag{2.1.82}$$
が成り立つのみである．したがって，(2.1.62) の右の図式はブール代数だが左は違う．

ブール代数の含意と擬補元は
$$s \Rightarrow s' = \neg s \vee s' \tag{2.1.83}$$
により関係がつく．ブール代数では次も成り立つ．
$$\neg(s_1 \wedge s_2) = \neg s_1 \vee \neg s_2 \tag{2.1.84}$$
したがってブール代数では，(2.1.81)–(2.1.84) を適用して，擬補元と $\vee$ が $\wedge$ を決定する．
$$s_1 \wedge s_2 = \neg(\neg s_1 \vee \neg s_2) \tag{2.1.85}$$
同様にブール代数では，$\neg$ と $\wedge$ が $\vee$ を決定する．
$$s_1 \vee s_2 = \neg(\neg s_1 \wedge \neg s_2) \tag{2.1.86}$$
ブール代数の基本的な例は $\{0,1\}$ である．つまり次が成り立つ．
$$0 \wedge 0 = 0 \wedge 1 = 0, \ \ 1 \wedge 1 = 1, \ \ 0 \vee 0 = 0, \ \ 1 \vee 1 = 0 \vee 1 = 1, \ \ \neg 0 = 1 \tag{2.1.87}$$

より一般の例として，X を集合とし，$\mathcal{P}(X)$ を冪集合，つまり部分集合全部の集合とする．$\mathcal{P}(X)$ には次に示す演算 $\neg, \vee, \wedge, \Rightarrow$ による代数構造がある．任意の $A, B \in \mathcal{P}(X)$ について

補集合： $A \mapsto X \setminus A$ (2.1.88)

合併： $(A, B) \mapsto A \cup B$ (2.1.89)

共通部分： $(A, B) \mapsto A \cap B := X \setminus (X \setminus A \cup X \setminus B)$ (2.1.90)

含意： $(A, B) \mapsto A \Rightarrow B := (X \setminus A) \cup B$ (2.1.91)

$C \cap A \subset B$ iff $C \subset (A \Rightarrow B)$ すなわち (2.1.59) で要請された条件に注意する.

また，すべての $A \in \mathcal{P}(X)$ に対して関係

$$A \cup (X \setminus A) = X \tag{2.1.92}$$

$$A \cap (X \setminus A) = \emptyset \tag{2.1.93}$$

が成り立つ．したがって，$\emptyset$ と X は，それぞれ 0 と 1 の役割を果たす．すなわち，

$$\emptyset \subset A \ (\text{そして} \ A \cap \emptyset = \emptyset) \tag{2.1.94}$$

および

$$A \subset X \ (\text{そして} \ A \cup X = X) \tag{2.1.95}$$

が成り立つ．

ブール代数 $\{0, 1\} \simeq \{\emptyset, X\}$ は 1 元集合 X の冪集合として現れる．

しかしながら，X を 2 元集合，たとえば $X = \{0, 1\}$ として[2],

$$\mathcal{O}(X) := \{\emptyset, \{0\}, \{0, 1\}\} \tag{2.1.96}$$

とおくとハイティング代数となるが，ブール代数ではない．($\{0\}$ が補元を持たないため．)

ブール代数の場合に戻ると，このようなブール代数の例としての上記の $\mathcal{P}(X)$ は実のところ，ストーン (Stone) の表現定理で与えられる一般的な関係の一例となっている．(以降でその定理は使われたり参照されることはな

---

[2] 一方では代数的記号として，もう一方では集合の元としての記号 0 と 1 の異なる意味で混乱しないように．

いし，その証明は少し技術的な概念を必要とするので，読者は最初に読むときはそれを飛ばして，(2.1.107) の後から続けてもよい.)

定理 2.1.2（ストーン） 演算 $\vee, \wedge, \neg$ を持つブール代数 B に対して，集合 X とブール代数の単射準同型

$$h : B \to \mathcal{P}(X) \tag{2.1.97}$$

が存在する.

ここで，ブール代数の準同型 $\eta : B_1 \to B_2$ は $\eta(s_1 \wedge s_2) = \eta(s_1) \wedge \eta(s_2)$ ($\forall s_1, s_2 \in B_1$) を満たさねばならない．ここの左辺には B_1 の演算 $\wedge$ があり，右辺には B_2 の演算がある．また他の演算 $\vee, \neg$ に対しても同様の関係が満たされ，また，$\eta(0) = 0, \eta(1) = 1$ が満たされなければならない．ここでも，左辺には B_1 の $0, 1$ があり，右辺には B_2 の対応する元がある．（再び，これは構造を保つ写像としての準同型の概念の一例である．ここでの構造はブール代数の構造であるが，他の構造に対する準同型もすでに見たし，さらに繰り返し出合うであろう．2.3 節でこの概念は抽象的な見方で展開されるだろう.）

証明 B 上のフィルター $\mathcal{F}$ とは B の部分集合で次の性質を満たすものと定義する.

$$0 \notin \mathcal{F}, \quad 1 \in \mathcal{F} \tag{2.1.98}$$

$$s \in \mathcal{F}, s \leq s' \text{ のとき } \quad s' \in \mathcal{F} \tag{2.1.99}$$

$$s_1, \ldots, s_n \in \mathcal{F} \text{ のとき } \quad s_1 \wedge \cdots \wedge s_n \in \mathcal{F} \tag{2.1.100}$$

超フィルターとは極大なフィルターのこと，すなわちフィルター $\mathcal{G}$ が

$$\mathcal{F} \subset \mathcal{G} \text{ を満たせば } \mathcal{F} = \mathcal{G} \tag{2.1.101}$$

となるものである．同値なことだが，$\mathcal{F}$ が超フィルターであるのは，ちょうど次が成り立つときのみである.

$$\forall s \in B \text{ について } s \in \mathcal{F} \text{ または } \neg s \in \mathcal{F} \tag{2.1.102}$$

((2.1.98) と (2.1.100) の帰結として，s と $\neg s$ とは同時にフィルター $\mathcal{F}$ には含まれ得ない．)

証明のアイデアは，X を B の超フィルターの集合とし，

$$h : B \to \mathcal{P}(X)$$
$$s \mapsto \{\mathcal{F} : s \in \mathcal{F}\} \tag{2.1.103}$$

と定義して，これがブール代数の単射準同型であることを確かめることである．さて，どのようにうまくいくか見てみよう．フィルターを構成することはやさしい．$s \in B$ に対して，$\mathcal{F}(s) := \{s' \in B : s \leq s'\}$ とおく．このような $\mathcal{F}(s)$ は単項フィルターとよばれる．だが一般には，これは超フィルターでない．どのような $\sigma \leq s, \sigma \neq s$ についても $\mathcal{F}(s) \subsetneq \mathcal{F}(\sigma)$ である．この構成法を繰り返して，より大きなフィルターを作り，やがて超フィルターに至るようにしてみる．実際には，一般には超フィルターの存在を保証するために選択公理を用いねばならない．

しかしながら，(2.1.98) と (2.1.100) により，フィルター $\mathcal{F}(s)$ を大きくして $s_1 \wedge s_2 = 0$ であるような2元 $s_1, s_2 \leq s$ を含めるようにはできない．したがって，$s \not\leq t$ ならば，$\neg t \wedge s \neq 0$ となり，s は含むが t は含まない超フィルターが得られる．これで，h の単射性がわかる．

ブール代数の準同型であるために確かめるべき条件のうち，一番難しいのが

$$h(s_1 \vee s_2) = h(s_1) \cup h(s_2) \tag{2.1.104}$$

である．これを確かめて，残りは読者に委ねよう．そこで，ある超フィルターについて $s_1 \vee s_2 \in \mathcal{F}$ として，s_1 または s_2 が $\mathcal{F}$ に属すると主張する．すると，$h(s_1 \vee s_2) \subset h(s_1) \cup h(s_2)$ が得られる．もし反対に s_1 も s_2 も $\mathcal{F}$ に属さないとすると，(2.1.102) により $\neg s_1, \neg s_2 \in \mathcal{F}$ であり，(2.1.100) により $\neg s_1 \wedge \neg s_2 \in \mathcal{F}$ となる．しかし (2.1.84) により $\neg(\neg s_1 \wedge \neg s_2) = s_1 \vee s_2 \in \mathcal{F}$ であり，仮定によりこれは (2.1.102) に矛盾する．他の方向，つまり (2.1.104) の ⊃ については，もし $s_1 \vee s_2 \notin \mathcal{F}$ なら，$\neg s_1 \wedge \neg s_2 = \neg(s_1 \vee s_2) \in \mathcal{F}$ となり，(2.1.98) と (2.1.100) を再び使うと s_1 も s_2 も $\mathcal{F}$ に属せない．□

実のところ，ブール代数 B 上の超フィルター $\mathcal{F}$ は B からブール代数 $\{0,1\}$ への準同型 η と同じである．すなわち，

$$\eta(s) = 1 \quad \text{iff} \quad s \in \mathcal{F} \tag{2.1.105}$$

と考えられる．これが超フィルターの性質によりブール代数の準同型であることのチェックは，読者に任せる．

上記の証明でのフィルターの定義は，ブール代数だけでなく，ハイティング代数 H についても意味がある．さらに，H の（必ずしも超とは限らない）フィルター $\mathcal{G}$ は別のハイティング代数 K への準同型 $\eta: H \to K$ であって $\eta^{-1}(1) = \mathcal{G}$ なるものを与える．これは (2.1.105) の自然な一般化である．単項フィルター $\mathcal{F}(s)$ については，このハイティング代数は単に半順序集合 $H/s := \{s' \in H : s' \leq s\}$ に H のハイティング代数の演算を誘導したものである．同じことだが，

$$s_1 \equiv s_2 \quad \text{iff} \quad s_1 \wedge s = s_2 \wedge s \tag{2.1.106}$$

である．この構成法は一般のフィルター $\mathcal{F}$ に次のように拡張される．

$$s_1 \equiv s_2 \quad \text{iff} \quad \text{ある } s' \in \mathcal{F} \text{ について } s_1 \wedge s' = s_2 \wedge s' \tag{2.1.107}$$

さて今度はハイティング代数でもブール代数でもない構造を考える．ユークリッド空間 $\mathbb{R}^d$ をとる[3]．つまり，成分 $x^i \in \mathbb{R}$ を持つ組 $x = (x_1, \ldots, x_d)$ からなる空間である．$\mathbb{R}^d$ の元は足すことができる．$y = (y_1, \ldots, y_d)$ について

$$x + y = (x^1 + y^1, \ldots, x^d + y^d) \tag{2.1.108}$$

であり，実数 α を

$$\alpha x = (\alpha x^1, \ldots, \alpha x^d) \tag{2.1.109}$$

と掛けられる．また，内積

---

[3] もちろん，これはベクトル空間の一例であるが，この概念は以下で初めて導入される．そこで，詳細をいくらか復習する．

44 第2章 基礎

$$\langle x, y \rangle = \sum_{i=1}^{d} x^i y^i \qquad (2.1.110)$$

も考えられる．$\mathbb{R}^d$ の線形部分空間とは，適当な元 $v_1, \ldots, v_m \in \mathbb{R}^d$ について

$$V = \{\alpha^1 v_1 + \cdots + \alpha^m v_m : \alpha^i \in \mathbb{R}, \ i = 1, \ldots, m\} \qquad (2.1.111)$$

という形をした部分集合のことである．$v_1, \ldots, v_m$ は V の生成系とよばれる．V が与えられたとき，この v_j は一意的ではないが，いまの目的にはそれで構わない．二つの線形部分空間 V, W に対して，容易に確かめられるように，共通部分 $V \cap W$ は再び線形部分空間であるし，和

$$V + W = \{v + w : v \in V, \ w \in W\} \qquad (2.1.112)$$

もそうである．最後に，線形部分空間に対して，直交補空間

$$V^\perp = \{w \in \mathbb{R}^d : \langle v, w \rangle = 0 \ (\forall v \in V)\} \qquad (2.1.113)$$

が得られる．ここは内積が必要なところである．線形部分空間の直交補空間はそれ自身が線形部分空間である．

線形部分空間の共通部分 $\cap$ を $\wedge$ に，和 $+$ を $\vee$ に，直交補空間 $\perp$ を $\neg$ に，$\mathbb{R}^d$ 自身を 1 に，自明な部分空間 $\{0\}$ を 0 に[4]採用しても（$\{0\}$ の中の 0 は元 $(0, \ldots, 0) \in \mathbb{R}^d$ を表す），$\mathbb{R}^d$ の線形部分空間の全体はハイティング代数をなさない．たとえば，補題 2.1.5 の分配則は満たされない．ある部分空間 $W \neq \{0\}$ は二つの部分空間 V_1, V_2 と 0 でのみ交わるが，和 $V_1 + V_2$ に含まれることがあり得る．たとえば，$e_1 = (1, 0)$, $e_2 = (0, 1)$ で張られる $\mathbb{R}^2$ を考え，V_1, V_2, W をそれぞれ $e_1, e_2, e_1 + e_2 = (1, 1)$ で張られる 1 次元部分空間とする．このとき $V_1 + V_2 = \mathbb{R}^2$ であり W を含むが，V_1, V_2 は含まない．このような場合，$(V_1 + V_2) \cap W = W$ である一方，$(V_1 \cap W) + (V_2 \cap W) = \{0\}$ である．定理 2.1.2 の証明を終えた読者には，その証明がなぜこの例には当てはまらないかを考えるのが教育的である．実際，超フィルター $\mathcal{F}$ は $\{0\}$

---

[4] 記号 0 の異なる意味を注意深く区別されたい．

でない最小の部分空間，つまり一つのベクトル $w \neq 0$ で生成される部分空間 W に対応するはずである．言い換えると，線形なフィルター $\mathcal{F}$ はその W を含むすべての線形部分空間 V からなるはずである．しかし (2.1.102) は一般には成り立たない．実際，V も $V^\perp$ のどちらも W を含まないような部分空間 V はたくさん存在する．たとえば，W として $(1,1) \in \mathbb{R}^2$ が張る空間，V として $(1,0)$ が張る空間をとる．すると，V も $(0,1)$ で張られる空間である $V^\perp$ も W を含まない．

いずれにせよ，(2.1.32) に戻って，0 と 1，偽か真，out と in などの二つの値の間で基本的に区別をするやいなや，その区別を利用して，集合 S の元の間の関係を定義することができる．

2.1.6 演算

関係の代わりに，**演算**（あるいは**操作**, operation）を考えることができる．これは集合の元の変換である．構造があるとき，以下に定義する意味で演算は構造を保つことが要請される．通常は演算自体が構造をなす．群の場合のように，構造はそれ自体に作用できて，また群の表現のように，別の構造に作用することもある．いずれにしても，演算は**代数** (algebra) の領域へと導く．

演算は同値の問題にも新しい視点をもたらす．集合上に何らかの構造の演算があるとき，その集合の二つの元に対し，一つをもう一つに移す演算があるなら，それらを同値と考えることができる．こうして，演算で関係づけられた 2 元，この文脈では互いに移り合うともいえるが，それらを同一視して演算による集合の商を構成できる．その関係が同値関係であり商をとれるには，この演算が反射的（各元がそれ自身に移る，すなわち操作として何もしない）で，対称的（a が b に移るとき b は a に移る）で，推移的（a が b に移り b が c に移るとき，a が c に移る）となっていることを要請する必要がある．演算の言葉でいえば，恒等演算があり，演算を逆転させたり，合成したりできることを意味する．合成が結合的であれば，演算の全体は群をなす．

この意味で，どの構造も自己同型群により分割されるという原理が得られ

る．自己同型の概念は以下で定義される．

演算の言葉で定義される基本的構造を導入，あるいは復習しよう．

定義 2.1.12 モノイド (monoid) とは，集合であり，その各元が演算

$$l_g : M \to M$$
$$h \mapsto gh \tag{2.1.114}$$

を定めるものである．実際は，これを元の対 g, h を積 gh に移す 2 項演算

$$(g, h) \to gh \tag{2.1.115}$$

として通常は表す．この積は**結合的** (associative)

$$(gh)k = g(hk) \quad (\forall g, h, k \in M) \tag{2.1.116}$$

であり，（**中立元** (neutral element) とよばれる）特別な元 e であって

$$eg = ge = g \quad (\forall g \in M) \tag{2.1.117}$$

を満たすものが存在しなければならない．

たとえば，0, 1 を持つ束は二つのこのような 2 項演算 $\wedge$ と $\vee$ を持つ．(2.1.42) によれば，$\wedge$ についての中立元は 1 であるが，$\vee$ についての中立元は 0 である．

集合 $\{0,1\}$ 上には，二つのモノイドの構造がある．演算・と＋によるものである．

$$0 \cdot 0 = 0, \quad 0 \cdot 1 = 0, \quad 1 \cdot 0 = 0, \quad 1 \cdot 1 = 1 \tag{2.1.118}$$
$$0 + 0 = 0, \quad 0 + 1 = 1, \quad 1 + 0 = 1, \quad 1 + 1 = 0 \tag{2.1.119}$$

どちらの構造も重要となる．もちろん，これは束についての観察の特別な場合である．というのも，0, 1 のみの束において・に $\wedge$ を，＋に $\vee$ を対応させられるからである．

演算 l_g は g による左平行移動とよばれる．同値なことだが，h による右平行移動 r_h の言葉で (2.1.115) を書き表すこともできる．このような平行移動の言葉で表すと，(2.1.117) は中立元による左および右平行移動 l_e, r_e

が M 上の恒等操作であることを意味する．

定義 2.1.13 群 G とはモノイドであって，各 $g \in G$ が次を満たす**逆元** (inverse) $g^{-1} \in G$ を持つものをいう．

$$gg^{-1} = g^{-1}g = e \tag{2.1.120}$$

容易に確かめられるように，元 e と与えられた元 g の逆元 g^{-1} は一意的に決まる．

定義 2.1.14 群 G の部分集合 S は，G のどの元も S の元およびその逆元を使った積の形に表せるとき，群 G の**生成元** (generators) の集合とよばれる．（このような生成元の集合は一意的ではない．）群 G は，それが非自明な関係を持たないとき**自由群** (free group) であるといわれる．これは，生成元の集合 S が存在して，gg^{-1} の形の積を挿入することを除き，G のどの元も S の元およびその逆元を使い一意的に積の形に表せることを意味する．（またもや，この S は一意的ではない．）G は，どの $g \in G, n \in \mathbb{Z}, n \neq 0$ についても $g^n \neq e$ であるとき，**ねじれがない** (torsionfree) といわれる．

自由群はねじれがない．というのも，もし非自明な関係 $g^n = e$ があれば，他のどの元についても同様であり，たとえば $h = g^n h$ という関係があることになるからである．

定義 2.1.15 モノイド M あるいは群 G は

$$gh = hg \ (\forall g, h \in M \text{ または } G) \tag{2.1.121}$$

を満たすとき，**可換** (commutative)，あるいは同じことだが**アーベル的** (abelian) とよばれる．

可換群では，演算はしばしば $g + h$ と書かれ，h^{-1} の代わりに $-h$ で，元 e は 0 と記される．

もちろん，ただ一つの元 e を持つ自明な群がある．$e \cdot e = e$ である．最も小さな非自明な群は (2.1.119) で与えられる．それを $\mathbb{Z}_2 := (\{0, 1\}, +)$ と記す．$0 + 0 = 0 = 1 + 1, 0 + 1 = 1 + 0 = 1$ である．同じ集合に異なる演算

(2.1.118) を考えたものを，$M_2 := (\{0,1\}, \cdot)$ と記す．$0 \cdot 0 = 0 \cdot 1 = 1 \cdot 0 = 0$, $1 \cdot 1 = 1$ であり，群でないモノイドを得る．(0 は逆元を持たないため．)

より一般に，$q \geq 2$ に対して，巡回群 $\mathbb{Z}_q := (\{0, 1, \ldots, q-1\}, +)$ を考える．ここでは q を法とする，すなわち $m + q \equiv m \ (\forall m)$ とした加法を考える．したがって，たとえば $1 + (q-1) = 0$ や $3 + (q-2) = 1$ である．この集合に q を法とする乗法を与えてモノイド M_q を得るが，これは群ではない．

非負整数と加法でモノイド $\mathbb{N}_0$ をなす．しかしながら，このモノイドは整数のなす群 $\mathbb{Z}$ に拡張できる．

また，正の有理数全体 $\mathbb{Q}_+$ および非零有理数全体 $\mathbb{Q} \setminus \{0\}$ は，乗法で群をなす．

定義 2.1.16 群 G の部分群 H とは，単に部分集合 $H \subset G$ であって G の群演算の下で群をなすもののことである．つまり，$h, k \in H$ に対して $hk \in H$ および $h^{-1} \in H$ となるものである．したがって，H は G の群演算で閉じている，すなわち H の元に群演算の乗法を適用しても，あるいは逆元をとっても，結果がやはり H の中にある．

より抽象的な定義 2.3.5 を後で議論しよう．どの群 G も自明な群 $\{e\}$ および G 自身を部分群として持つ．非自明な例として，$m\mathbb{Z} := \{\ldots, -2m, -m, 0, m, 2m, \ldots\}$ は $\mathbb{Z}$ の部分群である．また，p が $q \in \mathbb{N}$ を割り切るとき，$\{0, p, 2p, \ldots\}$ は $\mathbb{Z}_q$ の部分群である．しかしながら q が素数である（すなわち，正整数 m, n について $q = mn$ であるならば，$m = q, n = 1$ かその反対となる）ならば，$\mathbb{Z}_q$ は非自明な部分群を持たない．したがって，q が素数であるという算術的性質が，$\mathbb{Z}_q$ が非自明な部分群を持たないという群論的性質に翻訳される．

実際，整数全体 $\mathbb{Z}$ は別の演算，つまり乗法も持つ．これは次の定義へと導く．

定義 2.1.17 環 R とは，可換群の構造を持ち（しばしば加法とよばれる），その演算を $+$ と書き，もう一つの（乗法とよばれる）演算で結合的 (2.1.116) であり，$+$ に関して**分配的** (distributive)

$$g(h+k) = gh + gk, \ (h+k)g = hg + kg \quad (\forall g, h, k \in R) \qquad (2.1.122)$$

であるもののことである．環 R は乗法が可換 (2.1.121) でもあるとき，**可換** (commutative) という．1 と書かれる元で

$$g1 = 1g = g \quad (\forall g \in R) \qquad (2.1.123)$$

を満たすものが存在するとき，**恒等元** (identity) または**単位元** (unit) を持つという．

$0+0 = 0$ だから，分配法則 (2.1.122) は次を導く．

$$g0 = 0g = 0 \quad (\forall g \in R) \qquad (2.1.124)$$

単位元を持つ環は（加法に関する）群構造と（乗法に関する）モノイド構造を持ち，モノイド構造は群構造について分配的である．

たとえば，$\mathbb{Z}_q$ は q を法とする加法 $+$ と乗法 $\cdot$ を備えると環になる．最も簡単な例は，もちろん (2.1.118) と (2.1.119) に与えられる演算を持つ $\mathbb{Z}_2$ である．

より一般に，加法と乗法の演算の混合物を作ることができる．

定義 2.1.18 環 R 上の**加群** (module) とは，（群演算を $+$ と記す）アーベル群で，その元が R の元を $(r, g) \mapsto rg \ (r \in R, \ g \in M)$ と掛けることができて，次の分配法則，結合法則

$$r(g+h) = rg + rh \qquad (2.1.125)$$

$$(r+s)g = rg + sg \qquad (2.1.126)$$

$$(rs)g = r(sg) \qquad (2.1.127)$$

を満たすもののことである $(r, s \in R, \ g, h \in M)$．

R が単位元 1 を持つとき，R 加群 M が次を満たすならば**ユニタリ** (unitary) という．

$$1g = g \quad (\forall g \in R) \qquad (2.1.128)$$

もちろん，各環はそれ自身の上の加群であり，その部分環[5]上の加群でもある．以下の定義 2.1.21 で，環の部分集合であってその環の乗法で閉じているものを考えるが，それらは加群をなす．この場合，乗法演算はすでに構造にとって内部的であるが，加群の概念は，環の元による掛け算を，M の内部的群構造に課された追加的なものとして考えることを許す．とくに，R の元は M の元と考えられずに，むしろ M 上の演算とみられる．以下では，このような環上の加群にしばしば出合う．とくに，いろいろなところで環が作用する加群から構造を構成するだろう．

いずれにせよ，ある構造が別の構造に作用できることは重要な原理である．本書では，このような演算を主に積として扱うが，他の文脈では平行移動，時間のシフト（（正の）実数または整数による演算として）などとして登場する．以下で見るとおり，環は作用しないが，モノイドか群が作用する多くの例がある．

さて，重要で特別なクラスである環にたどり着いた．

定義 2.1.19 単位元 $1 \neq 0$ を持つ可換環 R で，$R \setminus \{0\}$ が積で群となっている，すなわち各 $g \neq 0$ が乗法的逆元 g^{-1}

$$gg^{-1} = 1 \tag{2.1.129}$$

を持つとき，R は**体** (field) とよばれる．

体上のユニタリ加群は**ベクトル空間** (vector space) とよばれる．

ベクトル空間の例であるユークリッド空間 $\mathbb{R}^d$ についてはすでに見た．(2.1.108) と (2.1.109) 参照．

体の例として，上で定義した演算[6]を持つ $\mathbb{Z}_2 = (\{0, 1\}, +, \cdot)$ がある．すると $\mathbb{Z}_2$ 上のベクトル空間 $\mathbb{Z}_2^n$ が考えられる．そのベクトル空間は（$n = 4$ だと）(1011) のような長さ n の 2 進列からなり，2 を法とする和を成分ご

---

[5] 定義 2.1.16 で，部分群が何かを説明した．すると，部分環の概念を知らないでも，容易に定義することができるであろう．
[6] したがって，群 $\mathbb{Z}_2$ に追加の演算として乗法を与えているが，やはり同じ記号で表示する．実際，追加の構造や演算を導入するときに，対象の名前を変えないでおくやり方をしばしばするであろう．その構造あるいは演算は，暗黙のうちに了解されることになる．これは便利だがいささかいい加減なやり方である．おそらく，心配する必要はないだろうが，数学者としてはこのことを少なくとも指摘せねばならない．

とに行う．たとえば，$\mathbb{Z}_2^4$ では $(1100)+(0110)=(1010)$ である．体 $\mathbb{Z}_2$ のこのベクトル空間への演算は $0 \cdot a = 0, 1 \cdot a = a$ $(\forall a \in \mathbb{Z}_2^n)$ で与えられる．そして $a+b=0 \in \mathbb{Z}_2^n$ であるのは，ちょうど $a=b$ のときに限るという単純な規則が成り立つ．

より一般に，上記の環構造を持つ $\mathbb{Z}_q$ が体であるのは，q が素数であるとき，かつそのときに限る．q が素数でないときは，乗法的逆元を持たない元，すなわち q の約数が存在する．たとえば $\mathbb{Z}_4$ では，$2 \cdot 2 = 0 \mod 4$ である．

環と体の話題とそれらの間の関係は 5.4.1 節で詳しく取り上げられる．

最後に，次の定義をする．

定義 2.1.20 代数 (algebra) とは，可換環 R 上の加群であり，双線形な乗法

$$
\begin{aligned}
(r_1 a_1 + r_2 a_2)b &= r_1 a_1 b + r_2 a_2 b & (a_1, a_2, b \in A,\ r_1, r_2 \in R) \\
a(r_1 b_1 + r_2 b_2) &= r_1 a b_1 + r_2 a b_2 & (a, b_1, b_2 \in A,\ r_1, r_2 \in R)
\end{aligned} \quad (2.1.130)
$$

を持つものである．（ここで，たとえば $a_1 b$ は代数の二つの元の乗法を記す．一方 $r_1 a$ は A の元 a の R の元 r_1 による積である．）

もちろん，すべての環は加群であるのみならず，それ自身上の代数でもある．その場合，代数での乗法と環の元による乗法は同じである．

それほど自明ではないが典型的な例として関数の代数がある．これらは後に重要な役割を果たすので，その構成を系統的に見てみよう．U が集合であるとき，U からモノイド，群，または環への関数の全体は，モノイド，群，または環をなす．（これはより一般的観点から 2.1.7 節で議論される．）たとえば，M がモノイドであれば $f: U \to M,\ g: U \to M$ に対して，$x \in U$ について単純に

$$(fg)(x) := f(x)g(x) \qquad (2.1.131)$$

とおける．この右辺の乗法はモノイド M 内で行われる．さらに，このような関数 $f: U \to M$ に M の元 m を掛けることができる．

$$(mf)(x) := mf(x) \tag{2.1.132}$$

これから，可換環に値をとる U 上の関数の全体は代数をなすことがわかる．U が代数的構造を持つかどうかはここには関係がない．

さて代数の別の構成法がある．$\gamma : R \to S$ を可換環の準同型とする．このとき S は R 上の代数になる．S の中で加法と乗法があり，$(r, s) \mapsto \gamma(r)s$ が R の元による乗法，すなわち S の加群の構造を定める．S における乗法は明らかに双線形則 (2.1.130) を満たす．

非常によく知られた例を系統的に見てみよう．正整数全体 $\mathbb{N} = \{1, 2, 3, \ldots\}$ を加法で考えたものはモノイドにはならない．というのも中立元が欠けているからである．これは 0 を含め非負整数全体 $\mathbb{N}_0 = \{0, 1, 2, \ldots\}$ を考えることにすると容易に修正でき，加法的モノイドを得る．これは群ではない．なぜならば 0 を除く元には逆元がないからである．これは整数全体のなす加法群 $\mathbb{Z}$ まで拡大することにより直せる．整数の乗法演算も含めるならば，$\mathbb{Z}$ は環になる．この環は体ではない．なぜならば 1 と -1 を除く 0 でない元は乗法的逆元を持たないからである．再び拡大することにして，有理数全体の体 $\mathbb{Q}$ を得る．（$\mathbb{Q}$ はさらに実数，複素数あるいは p 進数の体に拡大することができるが，それはここでの関心事ではない．）いままで展開してきた概念の光に照らすと，これらのことはかなり容易に見える．しかしながら，このような拡張は数学の歴史において重要なステップであったし，対応する抽象的概念に決定的な動機を与えたことを記憶すべきだろう．

定義 2.1.21 モノイド M の（左）**イデアル** (ideal) I とは，M の部分集合であって次を満たすものをいう．

$$mi \in I \quad (\forall i \in I, \, m \in M) \tag{2.1.133}$$

単位元を持つ可換環 R の**イデアル** (ideal) とは，空でない部分集合であって，R のアーベル群としての部分群をなし，乗法に関して (2.1.133) の類似を満たすものをいう．

可換環のイデアルは，定義 2.1.18 の意味でその環上の加群でもある．

イデアルの概念を用いて，群 G とは $\emptyset$ と G のみをイデアルとするモノイ

2.1 対象，関係と操作   **53**

ドにほかならないと特徴づけることができる．同様に，単位元を持つ可換環 R は，その左イデアルが $\{0\}$ と R のみであるときに体である．これは後の5.4節で基本的な重要性を持つ．

M が非負整数の加法的モノイド $\mathbb{N}_0$ であるとき，そのイデアルは $\emptyset$ および固定した $N_0 \in \mathbb{N}_0$ についての集合 $\{n \geq N_0\}$ である．モノイド M_2 の左イデアルの集合は $\Lambda_{M_2} := \{\emptyset, \{0\}, \{0,1\}\}$ である．これは，2元集合 $X = \{0,1\}$ に対するハイティング代数 $\mathcal{O}(X)$ と同じであることに注意する．より一般に，M_q に対するイデアルは，$\emptyset$，$\{0\}$，M_q および $nm = q$ ($n, m > 1$) のときの $\{0, m, 2m, \ldots, (n-1)m\}$ という形の部分集合である．したがって，q が素数のとき，M_q は三つの自明なイデアルのみしか持たないが，q が素数でないときは，イデアルをもっと持つ．これらは，環 $(\mathbb{Z}_q, +, \cdot)$ のイデアルでもある．

整数の環 $\mathbb{Z}$ のイデアルは $m \in \mathbb{Z}$ に対して $\{nm : n \in \mathbb{Z}\}$ という形である．(モノイド $\mathbb{N}_0$ に対しては加法演算に関するイデアルを考えたが，環 $\mathbb{Z}$ に対しては乗法に関するイデアルを考えている．)

モノイド = 元を合成することが可能（加法または乗法） $\qquad\Longleftarrow\qquad$ **群** = 逆元が存在するモノイド
$(\mathbb{N}_0, +)$ または $(\mathbb{Z}, \cdot)$ $\qquad\qquad\qquad\qquad\qquad\qquad$ $(\mathbb{Z}, +)$ または $(\mathbb{Q}_+, \cdot)$

環 = （加法の）群と（乗法の）モノイドの組み合わせであり分配法則で関係づく $\qquad\Longleftarrow\qquad$ **体** = 加法は可換で乗法の逆元が存在する
$(\mathbb{Z}, +, \cdot)$ $\qquad\qquad\qquad\qquad\qquad\qquad\qquad\qquad$ $(\mathbb{Q}, +, \cdot)$

加群 = 可換群で環の元による掛け算を持ち，分配法則による関係あり $\qquad\Longleftarrow\qquad$ **ベクトル空間** = 体上のユニタリな加群
$(\mathbb{Z}, +, \cdot)$ 上の $(\mathbb{Z} \times \mathbb{Z}, +, \cdot)$ $\qquad\qquad\qquad\qquad$ $(\mathbb{Q} \times \mathbb{Q}, +)$
特別な場合：**イデアル** = 環の部分集合である加群
$(2\mathbb{Z}, +)$

代数 = 可換環の元による掛け算を持つ加群集合
U 上の関数 $f : U \to \mathbb{Z}$ の全体

多様な代数的構造とそれらの間の関係，および例．
たとえば，すべての群はモノイドであるといった意味で矢は含意である．
下の構造は上にある構造に基づき作られている．

いままでは，アーベル群の原型である $\mathbb{Z}_q$ と $\mathbb{Z}$ を見てきた．しかしながら，多くの点で，最も重要な群は対称群 $\mathfrak{S}_n$ である．これは n 元の置換全体がなす，置換の合成を群演算とする群である．n 元には順番がつき $(1, \ldots, n)$ とする．それらの置換は $(i_1 i_2 \cdots i_n)$ と書かれ，$k = 1, 2, \ldots, n$

に対して k の場所に $i_k \in \{1, 2, \ldots, n\}$ が置かれているという意味である．もちろん i_j は互いに異ならねばならず，集合 $\{1, 2, \ldots, n\}$ を尽くさねばならない．もともとの順序の $(12 \cdots n)$ はすべての元を替えない恒等置換を表す．対称群 $\mathfrak{S}_2$ は二つの元 (12) と (21) からなり，したがって $\mathbb{Z}_2$ に同型である．(「同型」という用語は定義 2.3.2 で初めて説明するが，現在の例でその意味はおそらく容易に理解できるだろう．) 群 $\mathfrak{S}_3$ は 6 個の元 (123), (213), (132), (321), (231), (312) を含む．(123) は中立元である．(213), (132), (321) は 2 元を交換するだけである．たとえば，(213) は最初と 2 番めの元を入れ替えて，3 番めの元をそのまま留める．この三つの置換のそれぞれが自身の逆元である．それに対して，(231) と (312) は三つの元を巡回的に入れ替え，互いにもう一方の逆元である．つまり $(231) \circ (312) = (123)$ である．さらに，$(312) = (132) \circ (213)$ で，初めに最初の 2 元を入れ替え，次に最後の 2 元を入れ替える．(記号では順番が反対であることに注意する．ここでは (213) を最初に実行し，次に (132) が適用される．) 最初の交換の後，1 は真ん中の位置にあり，2 回めの交換でそれは最後の位置に動く．また $(312) = (213) \circ (321)$ である一方 $(213) \circ (132) = (231)$ である．とくに，$(132) \circ (213) \neq (213) \circ (132)$ なので，$\mathfrak{S}_3$ はアーベル群でない．

記法を簡単にするため，置換で影響されない元を除くことができる．したがって，(132) の代わりに，2 番めと 3 番めの元の入れ替えを (32) と書く．この記法では，たとえば $(21) \circ (32) = (231)$ となる．操作の逆転した順番に再び注意する．初めに最後の二つの元を入れ替え，3 は 2 番めの位置にきて，次に最初の二つの元を入れ替えて，3 は 2 番めから 1 番めの位置にくる．

一つ一般的な観察ができる．$m < n$ について，群 $\mathfrak{S}_m$ は $\mathfrak{S}_n$ に含まれる．n 個の元のうち m 個を選び，それらを置換し，残りの $n - m$ 個の元はそのままにする．定義 2.1.16 あるいは定義 2.3.5 の用語で，$\mathfrak{S}_m$ は $\mathfrak{S}_n$ の部分群である．これは，ここで示した包含が $i : \mathfrak{S}_m \to \mathfrak{S}_n$ を定義して，すべての $g, h \in \mathfrak{S}_m$ について

$$i(g \circ h) = i(g) \circ i(h) \tag{2.1.134}$$

が成り立つ．ここで左辺の $\circ$ は $\mathfrak{S}_m$ での積で，右辺のものは $\mathfrak{S}_n$ での積で

ある.より一般に,群あるいはモノイドの写像 $i: G_1 \to G_2$ で (2.1.134) を満たすものは群またはモノイドの準同型とよばれる.したがって,準同型とは群またはモノイドの演算と両立する写像である.同様に,環または体の準同型が定義される.

対称群 $\mathfrak{S}_n$ の例に戻ると,$\mathfrak{S}_3$ がアーベル群でないので,この事実は $n > 3$ のときの群 $\mathfrak{S}_n$ もアーベル群でないことを意味することがわかる.

また,G が有限個の元を持つ群(短くは有限群)であるとき,$g \in G$ による左乗法 l_g は G の元の置換を引き起こす.これを見るために,$l_g : G \to G$ が単射であることを観察する.なぜなら,$gh = gk$ とすると,$h = g^{-1}(gh) = g^{-1}(gk) = k$ であるからだ.つまり,l_g は異なる元を異なる元に写すから,G の元を置換する.同様に,$g \to l_g$ という対応も,$g_1 \neq g_2$ なら $l_{g_1}e = g_1 \neq g_2 = l_{g_2}e$ ゆえ $l_{g_1} \neq l_{g_2}$ となるという意味で単射である.

群 G はグラフを定める.より詳しくいおう.群 G の生成元の集合 S で,逆元をとる操作で閉じているものをとる.つまり $g \in S$ ならば $g^{-1} \in S$ となっているとする.(単に生成元の任意の集合 S' から出発してそのすべての元の逆元も追加したものを S としてもよい.)対 (G, S) のいわゆるケイリー (Cayley) グラフとは,G の元を頂点集合とし,$h, k \in G$ について $gh = k$ となる $g \in S$ が存在するときに h, k の間に辺を置くものである.そのとき S の条件から $g^{-1} \in S$ で $g^{-1}k = h$ だから,h と k の間の関係は対称であり,グラフは向きづけられていない.たとえば,対称群 $\mathfrak{S}_3$ については,生成元 (21), (32), (31) をとれる.これら三つはそれ自身がその逆元である.得られるケイリーグラフは次のようになる.

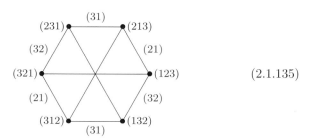

(2.1.135)

このグラフでは,煩雑さを避けるため,辺の一部のみにラベルをつけて,辺には前に説明した省略記法を使った.また,このグラフは2部グラフであ

る.すなわち,頂点の二つのクラス $\{(123),(231),(312)\}$ と $\{(132),(321),(213)\}$ があり,異なるクラスの頂点の間にのみ辺が結ばれる.実際,第2のクラスは2元の置換からなっていて,簡略化した記法では $\{(32),(31),(21)\}$ である.このような2元の置換は互換 (transposition) とよばれる.もう一つのクラスの元は偶数個の互換の積である.実は,各対称群 $\mathfrak{S}_n$ は偶数個の互換の積である元のクラスと奇数個の互換の積である元のクラスの二つのクラスからなる.(これをより抽象的に定式化できて,$\mathfrak{S}_n$ の元 g のパリティまたは符号 $\mathrm{sgn}(g)$ を定義できる.その値は g が偶数個の互換の積で表せるときは 1(偶置換),奇数個の互換の積で表せるときは -1(奇置換)である.もちろん,偶数個の互換の積としても奇数個の互換の積としても同時に表せる置換はないという意味で,パリティが整合性を持って定義されていることを確かめねばならない.この基にある本質的な事実は,2個の互換の積(それは偶置換)は決して1個の互換(それは奇置換)ではあり得ないということである.これはしかしながら,容易にチェックできる.また $\mathrm{sgn}(gh) = \mathrm{sgn}(g)\mathrm{sgn}(h)$ である.より抽象的な用語では,これは sgn が $\mathfrak{S}_n$ から積を群演算とする群 $\{1,-1\}$ への群準同型であることを意味する.そして,$1 \to 0, -1 \to 1$ という対応はこの群から加法を群演算とする群 $\mathbb{Z}_2$ への準同型である.)

一つめのクラスである偶数個の互換の積の全体は,$\mathfrak{S}_n$ の部分群をなす.この群は交代群 $\mathfrak{A}_n$ とよばれる.

上のケイリーグラフの2部性を示すために,頂点の位置を変えると次の図となる.

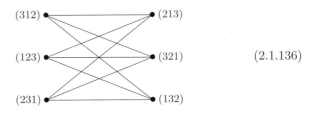

(2.1.136)

実は,これは**完備な** (complete) 2部グラフである.つまり一つのクラスの各頂点はもう一つのクラスのすべての頂点と結ばれている.(2.1.136) は (2.1.135) と同じグラフを描いていることを強調しておこう.頂点の位置を

調整することで，同じ構造を表すものの見かけがかなり違う視覚化を作り出すことができる．

もう一つ観察を述べる．置換 (31) は，**隣り合う** (adjacent) 元の三つの互換の積 (31) = (21)(32)(21) とも表せる．これは一般的な現象である．$\mathfrak{S}_n$ のどの元も隣り合う元の互換の積として書ける．この積は一意的でないが（たとえば (31) = (32)(21)(32)），パリティ（偶奇性）は不変である．とくに，隣り合う元の互換全部の集合を $\mathfrak{S}_n$ の生成元の集合として選べる．そうすると，上のケイリーグラフ (2.1.135) を次に変えてしまう．

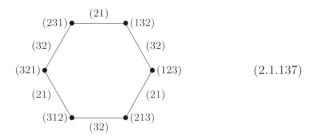

(2.1.137)

このグラフから，たとえば (21)(32)(21) = (32)(21)(32) という等式を直接読み取れる．

もちろん，$S = G \setminus \{e\}$，つまり G のすべての非自明な元の集合を生成元の集合ととれる．すると，得られるケイリーグラフは完全グラフとなる．すなわち，どの元もすべての他の元と結べるグラフである．実際，このことはすべての有限群で正しい．すなわち，G のすべての非自明な元の集合を生成元ととると，得られるケイリーグラフは完全となる．

対称群は後の 3.4.4 節で再び登場する．そこで実は，対称群（あるいは他の群）のケイリーグラフとして完全グラフが得られるという逆の観察に出合うだろう．つまり，完全グラフの自己同型群は対称群である．

このような代数的構造が与えられたとき，それらを組み合わせて別の構造を作ることができる．たとえば，二つの群 G, H の積 GH を作ることができる．GH の元は，対 (g, h) $(g \in G, h \in H)$ で，群演算は G と H から集められたものとする．

$$(g_1, h_1)(g_2, h_2) := (g_1 g_2, h_1 h_2) \qquad (2.1.138)$$

以下では，群論の別の重要な概念，正規部分群の概念を用いる．この概念を用意するために，群 G と部分群 N を考える．そして次の同値関係の同値類の集合 G/N を考える．

$$g \sim h \quad \text{iff} \quad h = ng \text{ となる } n \in N \text{ がある} \tag{2.1.139}$$

(2.1.139) は実際に同値関係を定める．なぜなら，N は部分群であり，単なる G の部分集合ではない．たとえば，(2.1.139) の推移律についてだが，$g \sim h$ かつ $h \sim k$ としよう．つまり，$n, m \in N$ が存在して $h = ng$, $k = mh$ である．しかしそうすると，$k = mng$ であり，N が群であるから $mn \in N$ であり，$g \sim k$ を得る．それにもかかわらず，これは群の世界からはみ出ることに導くように見える．というのもいまのところ，G/N は集合でしかない．群 G と N から出発したとしてもだ．言い換えると，G/N が群になれるかの問いへと導かれる．しかしながら，そのためには N に追加の条件を課さねばならないことがわかる．

定義 2.1.22 群 G の部分群 N が次の条件を満たすとき，**正規** (normal) **部分群**とよばれる．

$$g^{-1}Ng = N \quad (\forall g \in G) \tag{2.1.140}$$

補題 2.1.8 N が群 G の正規部分群のとき，商 G/N には群の構造が入れられる．

証明 群 G の積が，あいまいさなく同値類で定まるという意味で，商 G/N に移行することを確かめる必要がある．すなわち，$g \in G$ の同値類を $[g]$ が表すとき，

$$[g][h] := [gh] \tag{2.1.141}$$

が，同値類を代表する元の選び方によらないという意味でうまく定義されていることを確かめる必要がある．それは，$g' \sim g, h' \sim h$ であるとき，

$$g'h' \sim gh \tag{2.1.142}$$

である，つまり

$$[g'h'] = [gh] \tag{2.1.143}$$

が成り立つことを意味する．さて，$g' \sim g, h' \sim h$ であるとき，$m, n \in N$ であって $g' = mg, h' = nh$ を満たすものが存在する．すると

$$g'h' = mgnh = mgng^{-1}gh \tag{2.1.144}$$

となる．ところで N は正規部分群だから $gNg^{-1} = N$ が成り立つので，gng^{-1} はやはり N の元である．この元を n' とよぶことにして，(2.1.144) より

$$g'h' = mn'gh \tag{2.1.145}$$

を得る．N が群であるから $mn' \in N$ となり，結局 (2.1.143) が成り立つ．
□

違った表現をすると，補題は群準同型

$$\iota : G \to G/N, \quad g \to [g] \tag{2.1.146}$$

が得られることをいっている．

さて，正規部分群の例をいくつか見てみよう．

- アーベル群のどの部分群も正規部分群である．なぜなら，この場合 $gng^{-1} = n$ であるからだ．
- 整数 $m, n, q > 1$ について $q = mn$，つまり素数でないとき，$\mathbb{Z}_m$ と $\mathbb{Z}_n$ は $\mathbb{Z}_q$ の部分群であり（$\mathbb{Z}_m$ は $0, m, 2m, \ldots, (n-1)m$ を要素とする $\mathbb{Z}_q$ の部分群であり，$\mathbb{Z}_n$ についても同様），$\mathbb{Z}_q$ がアーベル群だから，これらは正規部分群である．
- 交代群 $\mathfrak{A}_n$ は対称群 $\mathfrak{S}_n$ の正規部分群である．なぜなら，$g^{-1}ng$ のパリティは n のものと同じだからである．実は，sgn が群準同型 $\mathfrak{S}_n \to \mathbb{Z}_2$ を導くから，この例は次の例からも従う．
- $\rho : H \to G$ が群準同型であるとき，準同型 ρ の核 (kernel) とよばれる部分群 $\mathrm{Ker}(\rho) := \{k \in H : \rho(k) = e \in G\}$ は正規部分群である．実際，

$k \in \mathrm{Ker}(\rho)$ なら,任意の $h \in H$ について $\rho(h^{-1}kh) = \rho(h)^{-1}\rho(k)\rho(h)$ $= \rho(h)^{-1}e\rho(h) = e$ となり,$h^{-1}kh \in \mathrm{Ker}(\rho)$ となる.

本当をいうと,最後の例は例というよりは一般的事実である.また,群 G のすべての正規部分群 N は (2.1.146) の準同型 $\iota : G \to G/N$ の核となっている.

定義 2.1.23 群 G は,その正規部分群が自明な群または G 自身のみであるとき,**単純群** (simple group) とよばれる.

これは非常に重要な概念である.なぜなら,単純群は群論における基本的構成要素だからである.単純群でない群 G は非自明な正規部分群 N を持ち,したがって正規部分群 N と商群 G/N の二つのより小さな群に分解できる.これらの片方または両方が単純群でなければ,分解の過程は繰り返せる.G が有限群のとき,この過程は有限回で止まらねばならず,G の構成要素がそろう.(ここでは証明しないがジョルダン–ヘルダーの定理によりその要素は実際ただ一組である.) したがって,有限単純群のリストがあれば,すべての有限群を構成することが可能で,有限群の主題は数学的に完全に理解されたことになる.有限単純群の完全な分類は,しかしながら,きわめて難しいことがわかり,ようやく 2004 年頃に成功裡に完成された.

有限単純群の最も重要な例は,素数 p に対する巡回群 $\mathbb{Z}_p$(正規部分群の例のところで見たとおり,n が素数でないときは $\mathbb{Z}_n$ は単純群ではない) と,$n \geq 5$ についての交代群 $\mathfrak{S}_n$(この事実は自明ではまったくない)である.このような有限単純群の無限系列と 26 個の例外型単純群があり,後者の中にはモンスター群と名づけられた最も複雑な群がある.最近の教科書として [118] がある.このような有限群の分類へのアプローチは数学の研究の重要な原理を体現している.数学的構造のあるクラスを理解したいとき,最初に基本的操作(上記の場合,正規部分群による商群をとること)でこれ以上分解できない基本的構成要素を特定する必要があり,次にその構成要素を分類しなければならない.考察の対象であるクラスの構造は構成要素から組み立てられる.

2.1.7 構成のパラメータ表示

ブール代数，ハイティング代数，モノイド，群，環，体などの代数的構造を演算の言葉で定義し特徴づけをした．特別な元 $0, 1$ といった 0 項演算，擬補元 $v \to \neg v$ あるいは逆元 $g \to g^{-1}$ といった 1 項演算，そして $(v, w) \to v \wedge w$ あるいは $(g, h) \to gh$ といった 2 項演算があった．S をそのような構造とし，X を集合とする．こうするといつでも，写像

$$\phi : X \to S \qquad (2.1.147)$$

の集合 S^X は同じ型の構造を持つ．たとえば S が群であるとき，S^X は次の群法則でやはり群となる．

$$(\phi, \psi) \to \phi\psi$$
$$\phi\psi(x) := \phi(x)\psi(x) \qquad (2.1.148)$$

ここで右辺では S の群演算が元 $\phi(x)$ と $\psi(x)$ とに適用された．S^X を X の元でパラメータづけられた群の族と考えることができるが，前述の構成はこの族がそれ自体，群であることを教えてくれる．だから望むなら，この構成を繰り返して別の集合から S^X への写像全体を考えられる．その結果もまた群となる．

モノイドや環でも同じことが成り立つ．しかしながら，体についてはうまくいかない．すなわち，集合 X から体 F への写像全体は体をなさないで，（X が 1 元からなる自明な場合を除き）環を与えるのみである．その理由は特別な元 0 が乗法的逆元を持たない唯一の元あるという例外的な役回りにあることである．F^X では，全部ではないいくつかの X の元を 0 に写す写像 ϕ は，乗法的逆元を持てない．それが F^X における加法の中立元，つまりすべての $x \in X$ を 0 に写す写像ではないにもかかわらずである．

(2.1.32) における関係 $F : S \times S \to \{0, 1\}$ があるとき，S^X 上のそのような関係を定める次の二つのやり方が可能である．

$$F(\phi, \psi) := \sup_{x \in X} F(\phi(x), \psi(x)) \qquad (2.1.149)$$

または

$$F(\phi,\psi) := \inf_{x\in X} F(\phi(x),\psi(x)) \tag{2.1.150}$$

最初の場合では,一つでも $F(\phi(x),\psi(x))=1$ となる元 $x\in X$ があれば,$F(\phi,\psi)=1$ となる.2番めの場合では,すべての $x\in X$ について1となる必要がある.

関係が $\mathbb{R}$ または $\mathbb{R}^+$ に値をとる場合でも,上限ないし下限が有限であれば,同じ構成をすることができる.

ちょっと脱線して,これを解析の視野においてみよう.もし X が測度 μ (4.4節参照) を持てば,この構成を μ に関して平均することができる.たとえば,関係が距離 $d(.,.)$ で,$1\le p<\infty$ のとき,S^X 上の距離を

$$d_p(\phi,\psi) := \left(\int_X d^p(\phi(x),\psi(x))\mu(dx)\right)^{1/p} \tag{2.1.151}$$

として得ることができる.ここで $d^p(y,z)$ は $d(y,z)^p$ の意味である.もちろん,この表式が有限であると仮定する必要がある.$p=2$ の場合は実際上,最も重要である.$p\ge 1$ という制限は S^X 上の距離 d_p が三角不等式を満たすために必要である.d_p は S^X 上の L^p 距離ともよばれる.(2.1.149) の類似は

$$d_\infty(\phi,\psi) := \operatorname*{ess\,sup}_{x\in X} d(\phi(x),\psi(x)) \tag{2.1.152}$$

であり,ess sup は本質的上限を表す.(すなわち,$A\subset X$ を $\mu(A)=0$,いわゆる測度0の集合 (4.4節参照) として,$\operatorname{ess\,sup}_{x\in X} f(x) := \inf\{a\in \mathbb{R}\cup\{\infty\}: f(x)\le a\ (\forall x\in X\setminus A)\}$.詳細については,[59] 参照.) もちろん,$X$ が有限なら,本質的上限を通常の上限で置き換えられる.

2.1.8 離散対連続

幾何と代数の区別の他に,数学における別の重要な区別として離散構造と連続的構造の区別がある.抽象的な言葉では,**数えること** (counting) と**測ること** (measuring) の区別である.基本的な言葉でいうと,数えることは正整数 $\mathbb{N}$ を使う,すなわち数え上げの可能性である.測ることは実数 $\mathbb{R}$ に

依存し，無理数（つまり整数の比に表せない数）の存在により，測ることは数えることに帰することができないことを，古代ギリシャ人はすでに発見していた．実数は整数の列として表せ，2進（展開の）列としても表せるが，2.1.3節で見たカントルの対角線論法は，実数が整数で数え上げできないことを示した．

連続的構造は**解析**の領域をなす．解析における基本的概念は，極限と収束，完備化，そしてコンパクト性である．

解析が提供するまったく新しい側面は，関係が厳密に成り立つ必要はなく，近似的に成り立てばよいこと，および，近似の誤差が制御できたり見積もれるという意味で，関係の近似が定量化できることである．そのために，摂動や変動を定義することを可能にする連続的構造に解析は基づく．そのような構造が解析の基本をなす一方，その方法は離散的な設定にも適用され得る．たとえば数値解析では，離散的な数値を補間するためや，離散的な枠組みを理想的な連続的枠組みと比較することで解を記述するために，連続的構造が概念的に用いられる．

上記の擬距離 F の例に戻って，S 上に距離 d が与えられたとしよう．すると，任意の正の実数 ϵ に対して $F + \epsilon d$ は S 上の擬距離の摂動であって正定値であるもの，つまり距離を与える．これは $F \equiv 0$ の自明な場合にすら適用できる．その場合，前述の $F(s, s') = 0$ である点 s, s' を同一視して得られる商 $\overline{S}$ は1点からなる．その一方で任意の $\epsilon > 0$ に対する $F + \epsilon d$ による商は S 全体である．したがって，この場合の商の構成は ϵ について連続には依存しない．ある意味，代数的な商の構成と解析的極限 $\epsilon \to 0$ とは互いに両立はしない．

いくつかの数学的概念は幾何，代数，解析という領域の二つを結びつける．たとえば，リー (Lie) 群の概念は三つの領域すべてを結び付けるが，本書では扱われない．

2.2 公理的集合論

本節は以降では参照されることはないので，飛ばしても構わない．その目的は，すでに直観的に用いられたいくつかの概念について，公的な土台を

提供することである．もう少し詳しくいうと，[123] で始まった公理的集合論のツェルメロ–フレンケルによる形を簡単に記す．公理的集合論については多くの教科書があるが，たとえば [109] を参照されたい．

集合と（記号 $\in$ で表される）集合への帰属関係は公理的集合論では定義されていないが，公理で規定される性質を呈することが仮定されている．このような公理は（そこからある言明とその否定が導かれることはないという意味で）無矛盾であり，もっともらしく，たとえばカントルの集合論の基本的結果を導くに十分な豊富さがあるべきである．

ツェルメロ，フレンケル，スコーレム，フォン・ノイマンらの仕事から生じた集合論の 10 の公理を挙げる．

1. **外延性公理** A, B を集合とする．もし任意の x について $x \in A$ iff $x \in B$ ならば，$A = B$ である．

    したがって，同じ元を持つ集合は等しい．集合はその元で決まることをこの公理はいっている．

2. **空集合の存在** 任意の x について $x \notin \emptyset$ であるような集合 $\emptyset$ が存在する．

    ここで，$x \notin$ は「$x \in$ は偽である」を省略したものである．したがって，空集合は単に元を持たない集合である．

3. **分離公理** A を集合とする．どのような明確な $x \in A$ についての条件 $P(x)$ に対しても，集合 B であって，「任意の x について $x \in B$ iff x が $P(x)$ を満たす」となっているものが存在する．

    ここで明確な条件とは，（x と y は変数として）原子式 $x \in y$ と $x = y$ から出発して（論理）式 P, Q に連結子（P ならば Q，P iff Q，P かつ Q，P または Q，P でない）および量化子（すべての x について P が成立する（$P(x)$ とも略される），ある x について Q が成立する）を有限回適用して得られる式のことである．条件 $P(x)$ において，変数 x は自由，すなわち量化子が及んでいない状態でなければならない．対照的に公理における条件では，B は自由であってはならない，すなわち量化子で制限されている．用いられる命題論理および述語論理の概念は 9.3 節で取り上げられる．これをすでに 2.1.3 節で，与えられた集合の

部分集合を特定するための原理として議論した．

4. **対の公理** A, B を集合とするとき，集合 (A, B) で A と B のみをその元とするものが存在する．

   (A, B) は A と B の非順序対とよばれる．これと次の二つの公理で，集合に標準的な操作をして集合を作り出すことが可能となる．

5. **合併の公理** A を集合とする．このとき，集合 C で性質「$x \in C$ iff ある $a \in A$ について $x \in a$」を持つものが存在する．

   A の元である集合の合併が再び集合であることを，この公理は意味する．この集合を $\bigcup A$ とも書く．よりはっきりした記法は $\bigcup_{a \in A} a$ であろう．

6. **冪集合の公理** A を集合とする．このとき，A の冪集合とよばれる集合 $\mathcal{P}(A)$ で性質「任意の x について $x \in B$ ならば $x \in A$ のとき，$B \in \mathcal{P}(A)$ である」を持つものが存在する．

   したがって，冪集合 $\mathcal{P}(A)$ はすべての A の部分集合をその元として含む．2.1.3 節ですでに冪集合について論じたが，そこでは分離公理と冪集合の公理を結び付けていた．

7. **無限の公理** 集合 N で性質「$\emptyset \in N$ かつ，$x \in N$ ならば $x \cup \{x\} \in N$」を持つものが存在する．

   ここで $\{x\}$ は x のみを元とする集合で，$x \cup \{x\}$ は集合 x に x 自身をさらなる元として加えたものを意味する．無限公理は自然数（正整数）を生み出すペアノの帰納法の原理の抽象的な形と見ることができる．$x \cup \{x\}$ は x の後者と考えられる．このような集合 N は繰り返しの形で次のように書けるだろう．

$$N = \{\emptyset, \emptyset \cup \{\emptyset\}, \emptyset \cup \{\emptyset\} \cup \{\emptyset \cup \{\emptyset\}\}, \ldots\} \quad (2.2.1)$$

実は，$\emptyset$ の代わりに任意の元 x から出発することができた．したがって，より簡潔には記号 1 を導入して，$1' := 1 \cup \{1\}$ と書く．すると集合 N は次のように得られる．

$$N = \{1, 1', 1'', 1''', \ldots\} \quad (2.2.2)$$

8. **選択公理** A を空でない集合を元とする集合とする．このとき，写像

$f: A \to \bigcup A$ ですべての $a \in A$ について $f(a) \in a$ であるものが存在する.

したがって,すべての $a \in A$ について a の元 $f(a)$ を選べる.

9. **置換公理**　A を集合,f を A 上で定義された写像とする.このとき,集合 B でその元がちょうど $x \in A$ に対する $f(x)$ であるものが存在する.

したがって,写像による集合の像は再び集合である.応用として,(2.2.2) からの写像 $1 \mapsto N$ は次の集合を生み出す.

$$\{N, N', N'', \ldots\} \tag{2.2.3}$$

10. **制限公理**　すべての集合 A は元 a であって $A \cap a = \emptyset$ となるものを含む.

したがって,A とその元 a は共通の元を持たない.この最後の公理は最初の 9 個の公理の望まないモデルを排除するためだけに導入された.より詳しくいうと,無限降下列,つまり $\cdots a_n \in a_{n-1} \in \cdots \in a_0$ を排除するのに役立つ.とくに,この公理により $a \in a$ ではあり得ない.

これらの公理は全部が互いに独立ではない.実際,いくつかの公理は見通しを損なうことなく除くことが可能である.なぜなら,それらは残りの公理から導けるからである.たとえば,空集合の公理は除いても構わず,置換公理から導ける分離公理も除き得る.置換公理と冪集合の公理を合わせて対の公理を導ける.したがって公理のリストは,論理的な状況よりは歴史的展開を反映している.また,選択公理を受け入れない人もいる.

ベルナイス–ゲーデルと名づけられた別の公理系もある.書籍によってはフォン・ノイマンの名前も含められている.

以下では上記の公理を満たす宇宙 U を一つ固定したと仮定する.以下で触れられる集合はすべて U の元であると仮定する.

2.3　圏と射

圏 (category) と射 (morphism) の概念は,前述の(全部ではないが)い

くつかのものを統一する．

定義 2.3.1 圏 **C** は，**対象** (object) $A, B, C, \ldots$ と対象間の**矢** (arrow) または**射** (morphism)

$$f : A \to B \tag{2.3.1}$$

からなる．ここで A と B はそれぞれ**定義域** (domain) および**余定義域** (codomain) とよばれ，$A = \mathrm{dom}(f)$ と $B = \mathrm{cod}(f)$ と記される．矢は合成できる．すなわち，$f : A \to B$ と $g : B \to C$ が与えられると，矢

$$g \circ f : A \to C \tag{2.3.2}$$

が決まる．（合成のための条件は単に $\mathrm{cod}(f) = \mathrm{dom}(g)$ である．）そして，合成は**結合的** (associative) である．つまり，$f : A \to B, g : B \to C, h : C \to D$ に対して

$$h \circ (g \circ f) = (h \circ g) \circ f \tag{2.3.3}$$

である．

各対象 A に対して，**恒等矢** (identity arrow)

$$1_A : A \to A \tag{2.3.4}$$

であって，次を満たすものが与えられる．

$$f \circ 1_A = f = 1_B \circ f \quad (\forall f : A \to B) \tag{2.3.5}$$

（つまり，恒等矢は「何もしない」．）

結合則の条件 (2.3.3) は下記の図式にあるように，A から D への矢の列のどちらをたどっても同じ結果を得るというように表現できる．

$$A \xrightarrow{f} B \xrightarrow{g} C \xrightarrow{h} D \tag{2.3.6}$$

上を経由するか，下を経由するか，真ん中を通るかのいずれも同じ結果となる．

C が圏 **C** の対象であることを，ときどき少し大ざっぱに $C \in \mathbf{C}$ と書く．

「対象」あるいは「射」が何であるか，あるいは何であるべきかが未定義のままなので，定義 2.3.1 は本当の数学的定義ではないとの異論があるかもしれない．したがって圏について語るときには，最初に何が対象で何が射なのかを特定する必要がある．しかしながら，圏の抽象的な言葉遣いには，何が対象で何が射なのかは関係がない．それらが定義 2.3.1 にある規則を満たしさえすればよい．

大事なのは，圏の対象がある種の構造を持ち，射がその構造を保たねばならないという点である．したがって，圏は構造を持つ対象と対象間の向きづけられた関係からなるものである．非常に有益な側面として，この関係が演算として考えられることがある．

対象を頂点とし，矢を辺とすると，各頂点がそれ自身と関係する，つまりその頂点からそれ自身への辺が一つあるという性質を持った有向グラフとして圏を見なすことができる．二つの対象間には一つ以上の射が存在し得るので，このグラフには重複した辺があり得る．

この意味で，圏の矢は関係と見ることができる．また，対象間の写像として，矢を演算と見ることもできる．A から B への矢はしたがって A を B に写す．

射を演算と見ることは群の概念を思い出させるかも知れないが，群の定義 2.1.13 で群の元による左平行移動に要請されていたこととは対照的に，圏の射についてはその逆が存在することも，どの二つも合成できることも要請しない．しかしながら，次が成り立つ．

補題 2.3.1 ただ一つの対象を持つ圏はモノイドであり，逆も成り立つ．

証明 M を定義 2.1.12 のモノイドとする．M の元 g を演算 $h \mapsto gh$，すなわち矢

$$l_g : M \to M \tag{2.3.7}$$

と見る．結合法則が満たされねばならないので，それらはただ一つの対象

2.3 圏と射

M を持つ圏の射を定めている．中立元 e は恒等射 1_M を与える．

逆に，ただ一つの対象 M を持つ圏の矢は M の左平行移動 l_g と見なせて，それらが結合法則を満たすのでモノイドの元と見なせる．恒等矢はそのモノイドの中立元 e を与える． □

次に調べていくように，抽象化の異なるレベルで圏を構成し考えることができる．すぐにより詳しく説明されることへの簡単な案内として，次の原則を指摘しておこう．一方では，いままで考察してきた構造は圏をなす．集合，グラフあるいはダイグラフ，半順序集合，束，ハイティング代数あるいはブール代数，モノイド，群，環，体，これらはすべてそれぞれ圏をなす．その対象はその構造の元であり，射はその構造の関係あるいは演算である[7]．もう一方で，次のレベルでは，与えられたタイプの構造の集まりが圏をなす．したがって，集合の圏，グラフあるいはダイグラフの圏，半順序集合の圏，束の圏，ハイティング代数あるいはブール代数の圏，モノイドの圏，群の圏，環の圏，体の圏などを考えることができる．そしてその射は二つの構造の間，たとえば二つの群の間の構造を保つ写像である．したがって，対応する圏の文脈では，ある決まったタイプのすべての構造を同時に考えることができて，それらの間の関係を保つ構造を考えることができる．そして，さらに高いレベルの抽象化ができて，圏のなす圏を考え，その場合にあるべき射が何であるかを見つけることができる．また，射の圏を考えることができる，などなど．このことは本節の残りのみならず，本書の残りを通じて探究されるであろう．

そこでより詳しく見て，前述の抽象的原則を展開してみよう．すべての集合は，元を対象とし，各元の恒等矢のみが射である圏である．したがって，集合は最も興味がない構造を持つ圏である．すなわち対象間の構造上の関係はない．実際，空集合も圏をなす．この圏には対象も矢もない．これは最高につまらないものと見えるだろうが，形式的な構成のためには，この特別な圏を含めることはきわめて役に立つことがいずれわかる．

しかしながら，他方では **Sets** と記される集合の圏も，有限集合の圏もあ

---

[7] あるいは上記で見たように，群のような代数的構造についてはその構造をただ一つの対象とし，その元をただ一つの対象の射とすると考えることができる．

る．これらの圏の対象は集合であり，その中の一つは空集合 $\emptyset$ で，射は集合間の写像

$$f: S_1 \to S_2 \tag{2.3.8}$$

である．区別についてのこれまでの議論を視野に入れると，同型の概念へと導かれる．

定義 2.3.2 圏の二つの対象 A_1, A_2 について，射 $f_{12}: A_1 \to A_2$, $f_{21}: A_2 \to A_1$ が存在して

$$f_{21} \circ f_{12} = 1_{A_1}, \quad f_{12} \circ f_{21} = 1_{A_2} \tag{2.3.9}$$

を満たすとき，A_1, A_2 は**同型** (isomorphic) であるといわれる．そのとき，射 f_{12}, f_{21} は同型（射）とよばれる．

 対象 A の**自己同型** (automorphism) とは，同型 $f: A \to A$ のことである．

もちろん，1_A は自己同型であるが，他の自己同型も存在し得る．しばしば，自己同型は A の対称性と考えられる．

 自己同型には逆（射）があるので，対象 A の自己同型の全体は群をなす．それは A の自己同型群とよばれる．実際，歴史的にもそのようにして群の概念が現れた．しかし順番を逆にして，圏の対象の自己同型群として**表現さ れる**ような抽象的対象として，群を考えてもよい．この主題には後で立ち戻ろう．

 (2.3.9) は同型が可逆な射であることを意味する．結合則から従うように，同型な対象は同一の射を持つものとして特徴づけられる．すなわち，たとえば $f_{12}: A_1 \to A_2$ が同型ならば，射 $g: A_2 \to B$ は射 $g \circ f_{12}: A_1 \to B$ に対応し，他のものについても同様である．とくに，1_{A_2} は f_{12} に対応する．

 しかしながら，同型な対象の間には一つより多くの同型が存在し得る．その場合，この二つの対象の射の同一視は標準的ではない．というのも二つの対象間の同型の選び方に依存するからである．実際，別の同型を得るために $f_{12}: A_1 \to A_2$ を射 $f_1: A_1 \to A_1$ と（手前で）合成できるし，射 $f_2: A_2 \to A_2$ と（直後で）合成できる．逆に，$f_{12}, g_{12}: A_1 \to A_2$ を二つ

の同型とするとき，$g_{12}^{-1} \circ f_{12}$ は A_1 の自己同型であり，$g_{12} \circ f_{12}^{-1}$ は A_2 の自己同型である．したがって，二つの同型な対象の同一視はそのどちらかの対象の自己同型を除いてのみ決まる．そして，二つの同型な対象の自己同型群同士も同型となる．同型な対象は他の対象との関係においても同じ構造を持つという事実の反映の一例である．しかし，自己同型群はさらに対称性を持ち，同一視が標準的とは限らない．

観察されたように，自己同型には逆がとれるので，圏の対象 A の自己同型の全体は群をなす．その意味で，射の概念は 2 通りに自己同型の概念の一般化である．最初に，射は可逆とは限らないし，第二に対象 A をそれ自身に写すとは限らず，同じ圏の別の対象 B に写し得る．射は合成できる．しかしながら，どの 2 元も自由に合成できるモノイドまたは群との違いとして，第二の射の定義域が第一の射の余定義域を含む必要があるという制限がある．モノイドまたは群では，すべての元がそのモノイドまたは群自身を定義域かつ余定義域とするので，モノイドまたは群の元の合成にそのような制限はない．したがって，ただ一つの対象を持つ圏はちょうどモノイドであると補題 2.3.1 で見たとおりである．

いずれにせよ，モノイドまたは群の最も基本的である結合法則は，射の合成に関して保たれねばならない．ある意味で，結合法則はより高次の規則である．というのも，それが合成の合成に関するものだからである．それは，このような合成の合成が，合成する順番によらないことを規定する．これは，群の元の合成が元の順番によらないことを要請する可換性の性質から区別されねばならない．可換性は一般のモノイドまたは群に対しては成立しない．可換なモノイドまたは群は，すべてのモノイドまたは群の中で，一般のモノイドまたは群が共有しない付加的な性質を持つ特別な部分的クラスをなしている．

したがって，圏は有向グラフとも，ある種の一般化されたモノイドとも，あるいは元の間の向きづけられた関係を持つ集合とも考えられる．

圏の中では，同型な対象を区別することはできない．それでそれらを同一視したいが，上で説明したとおり，同一視の仕方が同型の選び方によるので標準的な同一視はできないことを覚えておかねばならない．重要な点は，圏の対象は同型を除いてのみ決まるということである．圏の見方としては，

圏 **C** の対象 B は他の対象との関係，すなわち，（A または C がいろいろと動くときの）射 $f: A \to B$ あるいは $g: B \to C$ の集合 $\mathrm{Hom}_{\mathbf{C}}(A, B)$ あるいは $\mathrm{Hom}_{\mathbf{C}}(B, C)$ で特徴づけられる．そして，同型な対象 B_1, B_2 に対しては，対応する集合は，必ずしも標準的ではないが同一視できる．したがって，圏において同型な対象は他の対象との関係では区別できない．

この意味で，有限集合の圏は各 $n \in \mathbb{N} \cup \{0\}$ に対してちょうど一つの対象，つまり n 個の元を持つ集合を含む．なぜなら，同じ個数の元を持つ二つの集合は集合の圏の中で同型であるからだ．したがって，集合の圏の構造は本質的には濃度によっている．集合の元の任意の置換を合成することができるので，同じ濃度の集合の間の同型は標準的ではない，という事実にもかかわらずである．とくに，n 個の元の集合の自己同型群は 2.1.6 節の最後で導入された n 個の元の置換のなす群 $\mathfrak{S}_n$ である．

半順序集合からは，$a \leq b$ のとき矢 $a \to b$ が一つあることと決めて圏ができる．そして，半順序集合の圏も考えられるが，半順序集合の間の矢 $m: A \to B$ は単調関数，つまり A において $a_1 \leq a_2$ であるとき B において $m(a_1) \leq m(a_2)$ である関数により与えられる．また，圏をグラフと見なすことができる一方で，グラフのなす圏も考えられる．その射は，グラフの構造を保つ，つまり辺を辺に写すグラフの間の写像 $g: \Gamma_1 \to \Gamma_2$ である．

対象は同じでも，射の異なる圏はあり得る．たとえば，対象が集合であり，射は集合間の**単射**である圏を考えることができる．別の例としては，距離空間を対象として，等長写像，つまり写像 $f: (S_1, d_1) \to (S_2, d_2)$ で $d_2(f(x), f(y)) = d_1(x, y)$ $(\forall x, y \in S_1)$ を満たすものを射とする圏を考えることができる．代わりに，射としてより一般の距離非増加写像，つまり写像 $g: (S_1, d_1) \to (S_2, d_2)$ で $d_2(g(x), g(y)) \leq d_1(x, y)$ $(\forall x, y \in S_1)$ を満たすものを採用する圏も考えられる．しかしながら，圏における同型はこの二つの圏では同じものとなる．代数的構造は圏の枠組みに自然に当てはまる．一つの構造が一つの圏と考えられる一方，決まったタイプの構造すべてのなす圏を考えることもできる．したがって，すでに説明したとおり，たとえばモノイド M または群 G は M または G をただ一つの対象として，モノイドまたは群の元を射とする圏を与える．そこではモノイドまたは群の元は対象では

なく，圏の（自己）射[8]である．実際，圏と考えた群に対しては，群の元は可逆であるからすべての射は同型である．

モノイドまたは群の元を射と考えることは，もちろん，モノイドまたは群が演算から成り立っているという一般的考えを反映している．モノイドや群に対する結合法則が圏の定義に含まれていることは，すでに注目した．とくに，圏の公理は，演算の可逆性を要請しないので群の公理の一般化とも考えられる．したがって，群の概念がモノイドのそれよりは重要であるにもかかわらず，モノイドの概念は圏論の中では自然である．実際，ただ一つの対象を持つ圏 M はモノイドにほかならない．そこでは射の合成がモノイドの乗法を定める．ゆえにこの一つの対象からそれ自身への射がたくさんある．逆に，モノイド，群，有限群，アーベル群，自由（アーベル）群，リー群などの圏がある．このような，たとえば群の圏では，対象は群だが射は群の構造を保つ，つまり群準同型でなければならない．ここでとても注意深くあらねばならない．圏と考えたモノイド M または群 G はそれぞれモノイドの圏 **Monoids** または群の圏 **Groups** の部分圏[9]ではない．理由は，この二つの場合，射の概念が異なることにある．圏としての単独の群では，群上の演算としての群の元による乗法は射である．しかしながら，群の圏の中では，二つの対象間の射 $\chi : G_1 \to G_2$ は群構造を保たねばならない．とくに，χ は G_1 の中立元を G_2 の中立元に写さねばならない．モノイドの場合でももちろん同様である．

ここまでの議論のさらに一般化がある．M を固定したモノイド，その中立元を e として，元 m, n の積は mn と書こう．定義により，圏 $\mathbf{B}M = M\text{-Sets}$ は，すべての M の表現，つまり集合 X に M の X 上への作用

$$\mu : M \times X \to X$$

$$(m, x) \mapsto mx$$

$$ex = x, \quad (mn)x = m(nx) \quad (\forall x \in X, \ m, n \in M) \quad (2.3.10)$$

があるものからなる．射 $f : (X, \mu) \to (Y, \lambda)$ は写像 $f : X \to Y$ であって表

---

[8] 代わりに，群またはモノイドの元を対応する圏の対象と考えることもできる．射は元による乗法とする．したがって，対象のクラスと射のクラスが一致する．

[9] 明らかな定義：圏 **D** は，**D** のすべての対象とすべての射 $D_1 \to D_2$ が **C** の対象や射であるとき，**C** の部分圏であるといわれる．

現に関して同変である，すなわち，

$$f(mx) = mf(x) \quad (\forall x \in X,\ m \in M) \tag{2.3.11}$$

を満たすものである．（ただし表現 λ について，$\lambda(m,y) = my$ と書いた．）より抽象的に表現すれば

$$f(\mu(m,x)) = \lambda(m, f(x)) \tag{2.3.12}$$

となる．たとえば，L が M のイデアルであるとき，M の L 上への左乗法がこのような表現を与える．

圏の別の解釈は，演繹系による解釈である．それは，9.3 節で取り上げる話題である論理へと導く．演繹系の対象は（論理）式と解釈され，矢は証明あるいは演繹と解釈され，矢についての演算は推論規則と解釈される．式 X, Y, Z と演繹 $f : X \to Y, g : Y \to Z$ に対して，推論規則として合成という 2 項演算が $g \circ f : X \to Z$ を与える．したがって，証明に対して同値関係を決めると，演繹系は圏になる．それを反対向きにいうと，圏は演繹系の形式的記号化に当たる．[74] と 9.3 節参照．

ここで，いくつかの一般的な概念を展開する．

定義 2.3.3 圏 **C** の二つの対象の間の矢 $f : A \to B$ は，

- **C** の各射 $g_1, g_2 : C \to A$ に対して $fg_1 = fg_2$ ならば $g_1 = g_2$ であるとき，**単射** (monomorphism, monic) とよばれ，次のように記号で表す．

$$f : A \rightarrowtail B,\ \text{または}\ f : A \hookrightarrow B \tag{2.3.13}$$

- **C** の各射 $h_1, h_2 : B \to D$ に対して $h_1 f = h_2 f$ ならば $h_1 = h_2$ であるとき，**全射** (epimorphism, epic) とよばれ，次のように記号で表す．

$$f : A \twoheadrightarrow B \tag{2.3.14}$$

これらの概念は，2.1.2 節で導入された集合間の写像の単射と全射を一般化する．

同型は単射かつ全射である．集合の圏 **Sets** では逆も成り立つ．すなわわ

ち，単射かつ全射である射は同型 (isomorphism) である．(専門家は monic かつ epic な射は iso であるという.) しかしながら一般の圏では，これは正しいとは限らない．たとえば，自由アーベル群の圏では $f: \mathbb{Z} \to \mathbb{Z}$, $n \mapsto 2n$ は単射かつ全射であるが，同型ではない.

上記の定義は，圏の中の他の対象や射との関係で性質を定義するという圏論における一般的原則の一例となっている．以下でこの原則を体系的に究めてゆく.

定義 2.3.4 射 f はその余定義域が定義域 A と一致するとき**自己射** (endomorphism) とよばれ，次のように記号で表す.

$$f: A \circlearrowleft \tag{2.3.15}$$

したがって，自己同型は可逆な自己射である.

定義 2.3.5 圏 **C** の対象 B の**部分対象** A とは単射 $f: A \rightarrowtail B$ のことである.

しばしば単射 f は文脈から明らかで，単に A を B の部分対象とよぶ.

したがって，たとえば集合の圏 **Sets** では部分集合について語り，群の圏 **Groups** では部分群がある．n 元からなる集合 $\{1, 2, \ldots, n\}$ では，異なる $i_k \in \{1, 2, \ldots, n\}$ の集まり $\{i_1, i_2, \ldots, i_m\}$ ($m < n$) は部分集合を与える．2.1.6 節の最後で導入された m 個の元の置換のなす群 $\mathfrak{S}_m$ は $\mathfrak{S}_n$ の部分群である．2.1.6 節の最後での観察によると，有限群 G の元 $g \in G$ による左平行移動 l_g は G の元の置換を与え，違う元は違う置換を与える．このことは G をその元の置換のなす群の部分群と考えられることを意味する．少し抽象的にいうと，すべての有限群は対称群の部分群である．これはケイリーの定理として知られる.

ある圏 **C** の射を別の圏 **D** の対象と考えることができる．言い換えると，圏内の演算は別の圏の対象となり得る．とくに，数学における「対象」が意味するものは，日常語での「対象」が意味するものとはほとんど関係がない．圏論では対象とは，他の対象と関係をつけるための体系的な演算を行えるものである．そして，演算に対して演算を行うことができるので，そうす

るとき演算は対象となる．

しかし演算を対象と扱うならば，その圏の演算とは何か．**D** の射は **C** の射の間の矢である，つまり

$$F : (f : A \to B) \to (g : C \to D) \tag{2.3.16}$$

は射の対

$$\phi : A \to C, \quad \psi : B \to D \tag{2.3.17}$$

で与えられ，次を満たす．

$$\psi \circ f = g \circ \phi \tag{2.3.18}$$

この関係は図式

$$\begin{array}{ccc} A & \xrightarrow{f} & B \\ \phi \downarrow & & \downarrow \psi \\ C & \xrightarrow{g} & D \end{array} \tag{2.3.19}$$

が可換であると表すことができる．つまり，射の圏の射は可換図式である．一例として，射 $f : A \to B$ に対して恒等射 1_f は恒等射 1_A と 1_B により次の可換図式を通じて与えられる．

$$\begin{array}{ccc} A & \xrightarrow{f} & B \\ 1_A \downarrow & & \downarrow 1_B \\ A & \xrightarrow{f} & B \end{array} \tag{2.3.20}$$

さて，二つの射から可換図式を作る簡単な条件を導こう．これは [94] において考察された基本的状況である．X, Y を圏 **C** の対象，$\pi : X \to Y$ を射とする．**C** = **Sets** のとき，つまり，X, Y が集合で π がそれらの間の写像であるとき，π は同値関係

$$x_1 \sim x_2 \quad \text{iff} \quad \pi(x_1) = \pi(x_2) \tag{2.3.21}$$

を定める．$f : X \to X$ を別の射とする．すると射 $\tilde{f} : Y \to Y$ であって

2.3 圏と射

$$\begin{array}{ccc} X & \xrightarrow{f} & X \\ \pi \downarrow & & \downarrow \pi \\ Y & \dashrightarrow{\tilde{f}} & Y \end{array} \qquad (2.3.22)$$

を可換にするものが見つかるのは，ちょうど f が同値関係 (2.3.21) と交換するとき，すなわち

$$x_1 \sim x_2 \text{ ならば } f(x_1) \sim f(x_2) \qquad (2.3.23)$$

が成り立つときである．

C が付加的構造を持つ集合の圏であるとき，付加的構造を利用できるので，条件 (2.3.23) は確かめるのがより単純になる．たとえば，**C** = **Groups** で $\pi : G \to H$ が群準同型のとき，準同型 $\rho : G \to G$ に対して可換図式

$$\begin{array}{ccc} G & \xrightarrow{\rho} & G \\ \pi \downarrow & & \downarrow \pi \\ H & \dashrightarrow{\tilde{\rho}} & H \end{array} \qquad (2.3.24)$$

が得られるのは，ちょうど

$$\rho(\operatorname{Ker}\pi) \subset \operatorname{Ker}\pi \qquad (2.3.25)$$

が成り立つときである．なぜなら，(2.3.25) は (2.3.23) を導くからである．

条件 (2.3.23) は圏論的ではない．したがって，それをより抽象的な仕方に定式化し直す．圏 **C** に射 $\pi : X \to Y$ が与えられたなら，次の射の集合を考える．

$$K(\pi) = \{\mathbf{C} \text{ の射 } g : X \to Z : \pi \text{ は } g \text{ を経由する }\} \qquad (2.3.26)$$

すなわち，射 $\pi_g : Z \to Y$ が存在して $\pi = \pi_g \circ g$ となる．したがって，$g \in K(\pi)$ となるのは，ちょうど次の可換図式が存在するときである．

$$\begin{array}{ccc} X & \xrightarrow{g} & Z \\ \pi \downarrow & \swarrow \pi_g & \\ Y & & \end{array} \qquad (2.3.27)$$

補題 2.3.2 (2.3.22) が可換であるための必要十分条件は

$$K(\pi) \subset K(\pi \circ f). \tag{2.3.28}$$

証明 次の図式を考える.

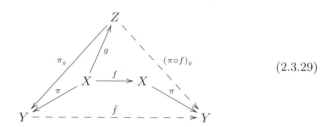
$$\tag{2.3.29}$$

$g \in K(\pi)$ とする. (2.3.22) が可換であるとき, $\tilde{f}$ が得られて $(\pi \circ f)_g = \tilde{f} \circ \pi_g$ とおくことができる. すると $g \in K(\pi \circ f)$ である. 反対向きは, $Z = Y$ として $\pi \in K(\pi)$ であり $\pi_\pi = \mathrm{id}_Y$ となる. すると $\tilde{f} = (\pi \circ f)_\pi$ により (2.3.22) は可換となる. □

群の場合, (2.3.24), (2.3.25) におけるとおり, 肝心の g は商群 $G/\operatorname{Ker}\pi$ への射影である.

圏 **C** の対象 C を固定して **C** の対象 D からの射 $f: D \to C$ すべてのなす圏 **C**/C を考える. この圏はスライス圏またはカンマ圏とよばれる. このスライス圏の二つの対象間の射, すなわち矢 $f: D \to C$ から矢 $g: E \to C$ への射 $f \to g$ は, 可換図式

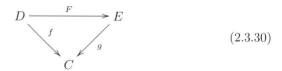
$$\tag{2.3.30}$$

つまり, 矢 $F: D \to E$ で $f = g \circ F$ を満たすもので与えられる.

次にさらに進んで, 圏のなす圏[10] $\mathcal{C}$ を作ろう. すなわち, $\mathcal{C}$ の対象は圏 **C**

---

[10] 実は, 圏は双圏 (bicategory) とよばれるものをなす. しかしながら, この技術的な点については触れないでおく. [80] 参照. もっと重要なことは, 注意深く自己言及の逆理を避けなければならないことである. そこで, 2.2 節で挙げた集合論の公理を尊重し, ある宇宙 U に属する集合のみを考えることにする. 圏の射の全体と矢の全体がそれぞれ U に属する集合であるとき,

で，**関手** (functor) とよばれる $\mathcal{C}$ の射 $F : \mathbf{C} \to \mathbf{D}$ は圏の構造を保つ．これは関手が $\mathbf{C}$ の対象と矢を $\mathbf{D}$ の対象と矢に写し，次を満たすことを意味する．

$$F(f : A \to B) \text{ は } F(f) : F(A) \to F(B) \text{ で与えられる．} \tag{2.3.31}$$

$$F(g \circ f) = F(g) \circ F(f) \tag{2.3.32}$$

$$F(1_A) = 1_{F(A)} \quad (\forall A, B, f, g) \tag{2.3.33}$$

したがって矢の F による像は，対応する対象（定義域と余定義域）の F による像の間の矢であり，合成，恒等射は保たれる．

関手は非常に重要な役割を果たす．というのも典型的には，複雑な構造を持つ圏の対象に，より簡単な構造を持つが，それでも重要な定性的特徴を押さえている圏の対象を対応させたいと考えるからである．たとえば，以下で説明するように，位相空間にコホモロジー群を対応させることができる．これらの群は空間の定性的な位相的性質を取り込んだ代数的対象である．このような構成で典型的に浮かび上がる問いに，それらは関連するすべての特徴を捉えるかどうかというものがある．いまの例では，コホモロジー群がどの程度空間の位相を決定するかという問いへ導く．

一般に，一つの圏から別の構造の少ない圏に写す関手を**忘却的** (forgetful) という．

二つの圏 $\mathbf{C}$, $\mathbf{D}$ が与えられたとき，関手 $F : \mathbf{C} \to \mathbf{D}$ すべてがなす圏 $\mathbf{Fun}(\mathbf{C}, \mathbf{D})$ を考えられる．この圏の射は**自然変換** (natural transformation) とよばれる．ゆえに，自然変換

$$\theta : F \to G \tag{2.3.34}$$

は，圏 $\mathbf{Fun}(\mathbf{C}, \mathbf{D})$ の構造を保つように，関手 F を関手 G に写す．その構造とは何で，それはどのように保たれるのか．その関手を定義する性質とは，$\mathbf{C}$ の射を $\mathbf{D}$ の射に写すことである．したがって，$\mathbf{C}$ の射 $f : C \to C'$ に対して，$\mathbf{D}$ の射 $Ff : FC \to FC'$ と $Gf : GC \to GC'$ が得られる．自然変換 $\theta : F \to G$ はその関係を守らねばならない．これは，各 $C \in \mathbf{C}$ に対し

その圏は小さい (small) とよばれる．（定義 8.1.2 参照．）そして小さな圏のなす圏のみを考える．

て，射

$$\theta_C : FC \to GC \tag{2.3.35}$$

が誘導され，図式

$$\begin{CD} FC @>{\theta_C}>> GC \\ @V{Ff}VV @VV{Gf}V \\ FC' @>>{\theta_{C'}}> GC' \end{CD} \tag{2.3.36}$$

が可換となることを意味する．

8.3 節でより詳しく調べられるが，集合の圏 **Sets** と小さな圏 **C** に関する **Sets**$^{\mathbf{C}}$ という形の関手圏を考えることができる．(その対象の集まりと矢の集まりがどちらも集合であるとき，**C** は小さいといわれる．定義 8.1.2 参照．) **Sets**$^{\mathbf{C}}$ の対象は関手

$$F, G : \mathbf{C} \to \mathbf{Sets} \tag{2.3.37}$$

であり，その矢は自然変換

$$\phi, \psi : F \to G \tag{2.3.38}$$

である．(2.3.35) および (2.3.36) によると，これは $\phi : F \to G$ が各 $C \in \mathbf{C}$ に対して射

$$\phi_C : FC \to GC \tag{2.3.39}$$

を誘導し，図式

$$\begin{CD} FC @>{\phi_C}>> GC \\ @V{Ff}VV @VV{Gf}V \\ FC' @>>{\phi_{C'}}> GC' \end{CD} \tag{2.3.40}$$

が可換であることを意味する．

C と同じ対象を持ち，すべての矢の向きを反転させて得られる双対圏 (opposite category) $\mathbf{C}^{\mathrm{op}}$ が必要となる．これは単に $\mathbf{C}^{\mathrm{op}}$ の各矢 $C \to D$ が **C** の矢 $D \to C$ に対応することを意味する．場合によっては，この手続

きはきわめて自然である．たとえば，圏 **C** が半順序集合であるとき，単に $x \leq y$ を $y \geq x$ で取り換えることを意味する．

さて，固定した小さな圏 **C** に対して $\mathbf{Sets}^{\mathbf{C}^{\mathrm{op}}}$ を考えよう．たとえば，圏 **C** を $\mathcal{P}(S)$，S の部分集合 U のすべてを対象とし，包含 $U \subset V$ を射とする圏ともとれる．つまり，$\mathcal{P}(S)$ は包含 $\subset$ で与えられる順序関係 $\leq$ を備えた半順序集合の構造を持つ．この半順序集合には最大元 S と最小元 $\emptyset$ がある．（実は，$\mathcal{P}(S)$ は共通部分と合併の演算でブール代数となっている．）この圏は 2.4 節で扱われる．

以上から，圏の最も重要な例は集合の圏 **Sets** であるという印象を持つかもしれない．用語の多くはその例を指向している．たとえば，射を矢印で表すことは，集合の間の写像を思い起こさせる．多くの他の圏の対象は，半順序あるいは群構造のような付加的構造を持った集合である．そのような圏から **Sets** への，単に付加的構造を忘れるだけの，忘却関手とよばれる自然な関手がある．大抵の場合，圏の対象はその射集合 (hom-set)，つまりその対象への，あるいはその対象からの射すべての集合により記述され特徴づけられるという基本的原理があり，以下でより詳しく調べられるだろう．

別の基本的な例は，すでに議論した群の圏 **Groups** である．射の概念は群の準同型の概念に示唆されたことを指摘した．群の準同型は群構造を保ち，圏の射はその圏における特徴的な構造を保つ．

以下で導入される概念の応用性あるいは限界を示すために，しばしば別の圏を考える．そのためにとくに有益な例は単独の半順序集合からなる圏である．その対象は半順序集合の元である．すでに強調したように，この圏をすべての半順序集合がなす圏と混同してはならない．後者では，半順序集合の元を対象とするのではなく，半順序集合が対象である．

圏の話題は第 8 章で系統的に取り上げられる予定である．その章の一般的アプローチを十分に理解するためにも，最初に少し特殊な数学的構造を詳しく見ておくことは有益である．以下の章でそのようにしよう．

その方向に進む前に，少しの注意をしておこう．すべての圏に同時に当てはまる抽象的原理や構成を圏論が与えてくれるとはいえ，そのような構成の具体的内容は考察中の圏の種類によってかなり違うであろう．一方で，ある集合の元を対象とする圏がある．そのような元は内部構造を持たない．それ

らの元はおそらく 2 項関係 F の中に置かれ,そういった関係が射を定める.単なる集合においては,非自明な関係はない.つまり,$s_1 = s_2$ のときのみ $F(s_1, s_2) = 1$ となる関係があるだけである.半順序集合では,関係は $\leq$ で表され,$s_1 \leq s_2$ であるのはちょうど $F(s_1, s_2) = 1$ であるとき,またそのときに限る.このような 2 項関係はダイグラフとして幾何的に表現され得る.つまり,$F(s_1, s_2) = 1$ のとき s_1 から s_2 に辺を描く.

対照的に次のレベルで,**Sets**, **Posets**, **Groups** といった圏がある.その対象は (**Sets** の場合は自明なものだが) 特別な内部構造を持つ.射はその構造を保つことが要請される.つまりその構造での準同型である.このタイプの圏に対しては,対象が内部構造を持たないような圏に比べて圏論の構成がより有益であることが明らかになる.圏論を一般的に推進することの例として,前者のレベルの圏はいくつかの構成を例示するのに役立つ一方,いささか誤った印象を与えるかもしれない.

2.4 前層

本節では,前層の概念を少しだけ捉えてみよう.それは後の 4.5 節と 8.4 節でより詳しく深く扱われるであろう.

まず準備的な定義をする.それは 4.5 節で位相空間の圏で考え精密化されるが,ここでは集合の圏で考える.集合 S 上のバンドル (bundle)[11] とは,他の集合 T からの全射 $p: T \to S$ のことである.$x \in S$ に対して,原像 $p^{-1}(x)$ は x 上のファイバーとよばれる.S は底空間,T は全空間とよばれる.このようなバンドルの断面とは,写像 $s: S \to T$ であって $p \circ s = 1_S$ を満たすもののことである.したがって,断面は底空間の各元 x に対して x 上のファイバーの元を対応させる.通常,与えられたバンドルに対して断面の空間は制約を受ける.つまり,$p \circ s = 1_S$ を満たすすべての s がバンドルの有効な断面を定めるわけではなく,断面は何らかの制限または制約を受ける.

一つの解釈を与えよう.大きさ,色,質感,素材といった,あり得る物体

---

[11] [訳注] バンドルを束と訳すことも多い.

の性質，観測可能量，または特徴の集合が S となり得る．そのような特徴 $x \in S$ 上のファイバーは，その特徴の取り得る可能な値を含む．x が色を表すなら，x 上のファイバーは「赤」，「緑」，「青」など，または望むなら，「紺碧の青」，「緋色」，「黄色っぽいピンク」といったより詳しい濃淡を含む色の値を含んでいる．断面は，それぞれの物体にその諸性質の値を割り当てる．いまの例では大きさ，色，質感，素材などである．ここでの要点は，いろいろな性質の値は一般には互いに独立ではないということである．自明な例がこの問題を際立たせるかもしれない．問題となっている物体が金塊ならば，素材についての「金」という値が，色が「金色」であるという制約を与え，その大きさや質感も何らかの制約を受けるであろう．より深く興味のある例が理論生物学にあり，形態学の分野の核心へと導く．200年前，科学的古生物学と比較解剖学の創始者である生物学者キュヴィエ (1769–1832) はすでに次のことを強調していた．すなわち，植物あるいは動物では特徴の値の集まりは任意ではなく，高度に相互依存関係にあり，その生態により規定されると．彼の「部分の相関関係」という原理によれば，動物のいろいろな臓器の解剖学的構造は機能的に互いに関係し，臓器の構造上および機能的特徴はその動物の環境内での特定の生態から導き出されたものである．哺乳類は胎生であるだけでなく，たいていは毛を生やし独特の解剖学的特徴がある．肉食獣は獲物を捕らえ扱うのに適した歯と顎を持つだけでなく，肉食に適した消化管があり，獲物を追いかけるやり方にあった足を持つ，などなど．このような対応関係に基づき，かぎ爪のみの非常に不完全な化石だけから，特定の恐竜を再構築するという驚くべき仕事を成し遂げた．後に，より完全な化石の骨格が見つかったとき，それはキュヴィエをとても有名にした復元骨格ときわめて細部において一致したのである[12]．われわれのバンドルと断面の言葉に翻訳すると，いろいろな特徴の値の間に強い相関，制約，そして制限があり，このような制約を知ることで，特定の特徴の値から断面を再構成できる．生物学的側面は別の機会に詳しく調べられるだろう．ここではこの解釈を利用して，鍵となる概念である前層を導入したい．

小さい圏 $\mathbf{C}$ に対して関手圏 $\mathbf{Sets}^{\mathbf{C}^{\mathrm{op}}}$ を思い出そう．ここで，$\mathbf{C}^{\mathrm{op}}$ は $\mathbf{C}$ か

---

[12] 生物学史におけるキュヴィエの位置についての概念的分析については [44] を参照されたい．

ら矢の向きを反転して得られる圏である．次のように定めよう．

定義 2.4.1 $\mathbf{Sets}^{\mathbf{C}^{op}}$ の元 P を $\mathbf{C}$ 上の**前層** (presheaf) とよぶ．

$\mathbf{C}$ の矢 $f: V \to U$ と $x \in PU$ に対して，値 $Pf(x)$ は x の f に沿っての**制限** (restriction) とよばれる．ここで，$Pf: PU \to PV$ は f の P による像である．

したがって，前層は，S の部分集合ごとに指定された対象の集まりをある集合からその部分集合に制限していく可能性を定式化したものである．ここで対象は，構造化されている（かもしれない）集合を指す．

これをより一般の文脈に置くことができ，それは第 8 章で展開されるが，本節を理解するのに不可欠というわけではない．8.4 節と 8.3 節のある部分を念頭に置き，圏 $\mathbf{C}$ での対象 V から対象 U への射の集合 $\mathrm{Hom}_{\mathbf{C}}(V, U)$ を考える．各 $U \in \mathbf{C}$ は前層 yU を定める．それは対象 V において

$$yU(V) = \mathrm{Hom}_{\mathbf{C}}(V, U) \tag{2.4.1}$$

とおき，射 $f: W \to V$ において

$$yU(f): \mathrm{Hom}_{\mathbf{C}}(V, U) \to \mathrm{Hom}_{\mathbf{C}}(W, U)$$
$$h \mapsto h \circ f \tag{2.4.2}$$

とおいて定義される．8.3 節では，$f: U_1 \to U_2$ が $\mathbf{C}$ の射であるとき，f との合成で自然変換 $yU_1 \to yU_2$ を得て，米田の埋め込み（定理 8.3.1）

$$y: \mathbf{C} \to \mathbf{Sets}^{\mathbf{C}^{op}} \tag{2.4.3}$$

が得られる．

$$yU(V) = \mathrm{Hom}_{\mathbf{C}}(V, U) \tag{2.4.4}$$

とおいた前層 yU は点の関手ともよばれる．なぜなら，それは圏の他のメンバー V からの射で U を探索するからである．集合の圏 $\mathbf{Sets}$ で考え V が 1 点集合の場合，このような 1 点集合からのどんな射も U の元，U の 1 点を決める．V が一般の集合のとき，これは素朴な用語でいえば，V によりパラメータづけられた U の点の族を与える．圏論的アプローチは自然にこの

ような一般化された点を組み込んでいる．たとえば，（後に定義される）代数多様体の圏では，代数多様体 U を他の代数多様体 V からの射を考えることで探索する．その射は古典的な点であったり，より一般の多様体からの場合もある．

反対向きにして，

$$zU(V) = \mathrm{Hom}_{\mathbf{C}}(U, V) \tag{2.4.5}$$

を考えると，関数の関手とよばれるものが得られる．ここで，古典的には V を実数体 $\mathbb{R}$ か複素数体 $\mathbb{C}$ にとる．

もちろん，U と V を同時に動かして，構成を対称にできる．

さて，集合 S の部分集合の圏 $\mathcal{C} = \mathcal{P}(S)$ に戻る．前層 $P : \mathcal{P}(S)^{\mathrm{op}} \to$ **Sets** に対して，制限写像

$$p_{VU} : PV \to PU \quad (U \subset V) \tag{2.4.6}$$

であって，次の二つの条件を満たすものを得る．

$$p_{UU} = 1_{PU} \tag{2.4.7}$$

および

$$p_{WU} = p_{VU} \circ p_{WV} \quad (U \subset V \subset W) \tag{2.4.8}$$

定義 2.4.2 前層 $P : \mathcal{P}(S)^{\mathrm{op}} \to$ **Sets** は次の条件を満たすとき，**層** (sheaf) とよばれる．

> 族 $(U_i)_{i \in I} \subset \mathcal{P}(S)$ について $U = \bigcup_{i \in I} U_i$ であり $\pi_i \in PU_i$ が $p_{U_i, U_i \cap U_j} \pi_i = p_{U_j, U_i \cap U_j} \pi_j \ (\forall i, j \in I)$ を満たすとき，$\pi \in PU$ で $p_{UU_i} \pi = \pi_i \ (\forall i)$ を満たすものがただ一つ存在する．

したがって，π_i と π_j の $U_i \cap U_j$ への制限がいつも一致するという意味で π_i たちが両立するとき，それらは貼り合わさって元 $\pi \in PU$ となり U_i 上での制限が $\pi_i \in PU_i$ となる．

ここでの目的にとって最も重要な $\mathcal{P}(S)$ 上の前層の解釈は，この節の冒頭

で展開されたファイバーバンドルの枠組みでなされる．前層 P が $U \subset S$ に対して指定する集合は，S を底空間とするファイバーバンドルの U 上の断面の集合である．このような部分集合 U 上の断面は，S の全体に延びるとは限らないので局所的といわれる．S 全体で定義された断面は大域的といわれ，したがって局所的断面は大域的断面へ拡張するとは限らない．対照的に，前層の条件により，U 上の局所的断面があれば，それをどんな $V \subset U$ にも制限できる．逆に，層の条件は局所的に両立している局所的断面は貼り合わさって大域的断面にできると規定する．すべての前層が層であるわけではなく，局所的両立条件により大域的協調性とよぶべきものへの拡張はいつでも可能であるわけではない．

たとえば，ファイバーバンドルが直積 $S \times \mathbb{R}$ または $S \times \mathbb{C}$ であるとき，すべてのファイバーは $\mathbb{R}$ であり，U 上の局所的断面は U 上の実数値関数にほかならない．前層はさらなる条件あるいは制約をこのような関数に課すことになる．とくに，S が距離のような付加的構造を持つとき，関数がその構造を保つことを要請できるだろう．S が距離 $d(.,.)$ を備える場合，たとえばすべての U 上の局所的断面，つまりその前層に属する関数 $f : U \to \mathbb{R}$ に対して，$|f(x) - f(y)| \leq d(x, y)$ $(\forall x, y \in U)$ が成り立つことを要請できる．また S がグラフのとき，± 1 の値をとる関数のみを許し，部分グラフ U 上の関数は隣接する頂点で異なる値をとること，つまり，ある頂点 x で $f(x) = 1$ なら，x のすべての隣接頂点 y で $f(y) = -1$ であり，また逆も成り立つことを要請できる．このような関数は三角形を含む，つまり 3 頂点 x, y, z でどれもが他の二つに隣接するような，どのような部分グラフにも拡張することはできない．より一般にかつ正確には，このような関数が存在するとき，かつそのときに限り，2 部グラフとよばれる．2 部グラフは三角形も，他の奇数の長さのサイクルも含まない[13]．それは二つの頂点のクラスからなり，上記の性質を持つ関数 f は一方のクラスには $+1$ の値を，もう一つのクラスには -1 の値をとる．

---

[13] サイクルの定義については 3.4.1 節参照．

ここで，最初の二つのグラフには断面が存在するが，三つめには存在しない．この現象はフラストレーションともよばれる．もちろん，最初の二つのグラフは三つめの部分グラフであり，局所的断面が大域的断面に拡張しない例となっている．

生物学的原理の「部分の相関関係」に戻ると，前層の断面が異なる種に対応し，いろいろなファイバーでの特定の値の組合せのみが断面により実現されるという事実は相関と制約を反映している．

さて，前層の違う生物学的実現を記述し探究して，この形式的枠組みでゲノムを記述するというベネッケとレーヌ [11] の提案を議論しよう．生物学的種のメンバーの細胞の DNA は A, T, C, G でラベルされる4種類の核酸からできている一本鎖である[14]．それはすなわち，遺伝子座 (genome loci) とよばれる位置の（人間の場合は 30 億もの要素の）有限列で，各位置は A, T, C, G の一つで占められている．トポロジーの観点からこれを眺めると，底空間には種の遺伝子座の空間を採用し，それには線状配列における位置の間の距離による計量 (metric) が備わっている[15]．ファイバーとしては，可能な核酸の値，つまり A, T, C, G （の全体）を考える．このファイバーは，核酸の値の相対頻度で与えられる自然な確率測度（公式の定義は 4.4 節参照）を持つ．実際，各座の上のファイバーがそのような測度を持つ．そして，異なる座の上のファイバーを測度間の距離により比較することができる[16]．単純に4種類の核酸の値ごとの抽象的ファイバーを見て，遺伝子座すべてにわたり平均をとり，測度が得られる．

ゲノムの一つひとつはこのファイバーバンドルの断面である．もちろん，

---

[14] ここでの関心外の例外を除けば，一つの器官のすべての細胞は同一の DNA 列を持っている．
[15] ここでは種の異なるメンバーの座の間に一対一対応があると仮定している．すなわち，個体間の違いは点での変異のみであり，ゲノムでの核酸鎖の挿入あるいは欠失によるものではないと仮定する．
[16] ここでは，測度の空間上のフィッシャー (Fisher) 計量に誘導された距離を使うことができる．また，カルバック–ライブラー発散 (Kullback–Leibler divergence) を使うこともできる．実際，それは対称でないので，距離ではない．これらの距離の定義と幾何的見方については，[3, 6] 参照．

すべての断面があるゲノムにより実現されるとは限らないが,断面の空間は層を与える.するとゲノムの空間が,断面の空間および各ファイバーの上に測度を誘導する.より一般には,どのような座の集合上のファイバーの集まりの上でも測度が誘導される.二つの母集団の座の集合が一対一に対応するとき,二つの母集団による断面の空間上に誘導された測度間の距離を調べることができる.そして,母集団間の遺伝的距離を,断面の空間上の測度間の距離として定義することができる.

2.5 力学系

定義 2.5.1 力学系 (dynamical system) とは,整数の加法群 $\mathbb{Z}$ または実数の群 $\mathbb{R}$(または非負整数ないし実数の半群)から集合 S の(可逆な)自己写像のなす群 $\mathcal{F}(S)$ への準同型写像 ϕ のことである.定義域が(非負)整数の群(モノイド)のとき離散時間力学系といい,(非負)実数のとき連続時間力学系という.

とくに,$0 \in \mathbb{R}$ は id_S に写り,$\phi(t_1 + t_2) = \phi(t_1) \circ \phi(t_2)$ を満たす.しばしば,さらに構造を持ち,たとえば,S は位相空間(定義 4.1.1 参照)や,微分多様体(定義 5.3.3 参照)であり得て,自己写像は同相写像(定義 4.1.11 参照)や,微分同相写像であり得る.あるいは,S がベクトル空間で,写像は線形写像のこともある.これを次の図式として書ける.

$$\begin{array}{ccc} t_1 & \longrightarrow & t_2 \\ \downarrow \phi & & \downarrow \phi \\ \phi(t_1) & \longrightarrow & \phi(t_2) \end{array} \quad (2.5.1)$$

ここの変数 t は時間と考えられる.値 $\phi(0)$ は力学系 (2.5.1) の**初期値** (initial value) とよばれる.写像 $\phi(t)$ を初期値 $x = \phi(0)$ に適用した値 $\phi(t)(x)$ を通常は $\phi(x, t)$ と書く.これは時間 t と初期値 x への依存性を表している.t が動くときの点 $\phi(x, t)$ の集まりは x の**軌道** (orbit) とよばれる.

離散時間の場合,単に写像 $F : S \to S$ がとれて(それは系が $\mathbb{Z}$ 上定義されるときは可逆として),その反復を考える.すなわち,F の n 重反復を

2.5 力学系

$$\phi(x,n) = F^n(x) \tag{2.5.2}$$

とおく．($n < 0$ のときは，F は可逆と仮定し，$F^n = (F^{-1})^{-n}$ である．)
したがって，自己写像の反復により $\mathbb{N}$ または $\mathbb{Z}$ が S に作用する．図式としては次のように見える．

$$\cdots \begin{array}{ccccccc} \longrightarrow & n-1 & \xrightarrow{+1} & n & \xrightarrow{+1} & n+1 & \longrightarrow \\ & \downarrow & & \downarrow & & \downarrow & \\ \longrightarrow & F^{n-1}(x) & \xrightarrow{F} & F^n(x) & \xrightarrow{F} & F^{n+1}(x) & \longrightarrow \end{array} \cdots \tag{2.5.3}$$

このような離散時間力学系，すなわち自己射 F を備えた集合 S はオートマトン (automaton) ともよばれる．

第3章 関 係

3.1 関係を表す元

　関係は元の間で生じて，これを概念化するために元または関係のどちらも出発点にすることができる．あるいは，この二つの互いに双対なアプローチを組み合わせることも試み得る．

　元を基本的とするとき，集合 V から出発し，その元を v または v_0, v_1, v_2, ... と表そう．互いに異なると仮定された元の組 $(v_0, v_1, \ldots, v_q)$ は，関係 $r(v_0, v_1, \ldots, v_q)$ にあることを表し得る．ここで，関係が元の順番に依存してもよいか否かで，組 $(v_0, v_1, \ldots, v_q)$ は順序がついていると，あるいはいないと考えることにする．すなわち，順序がついていない場合には，$\{0, \ldots, q\}$ の任意の置換 $(i_0, \ldots, i_q)$ について $r(v_0, v_1, \ldots, v_q) = r(v_{i_0}, \ldots, v_{i_q})$ が成立する．ここで r は何らかの集合または空間 R に値をとるとする．当面，どちらにするかは決めないでおく．関係が自明（その意味が何であれ）であるとき，あるいはおそらくよりよい解釈として関係がないときは，$r(v_0, \ldots, v_q) = o$ と書く．つまり，関係の欠如を示すような特別な R の元 o を決めておく．したがって，写像

$$r : \bigcup_{q=0,1,\ldots} V^{q+1} \to R \tag{3.1.1}$$

が得られ，順序がついてない場合には V の有限部分集合の集まりから R への写像に還元される．便利な規約として，$r(\emptyset) = o$ と要請する．

　後にコホモロジー理論を展開するときには，次の性質を仮定する．

(i)
$$r(v) \neq o \tag{3.1.2}$$

すなわち，各元はそれ自身と特別な関係にはない．

(ii)

$r(v_0, \ldots, v_q) \neq o$ ならば，どのような（異なる）

$$i_1, \ldots, i_p \in \{0, \ldots, q\} \text{ についても } r(v_{i_1}, \ldots, v_{i_p}) \neq o \tag{3.1.3}$$

すなわち，ある元の組が非自明な関係にあるとき，その組のどの空でない部分集合についても非自明な関係がある．

これらの条件が満たされ，$r(v_0, \ldots, v_q) \neq o$ である元のすべての組に対して単体を指定すると，V を頂点集合とする**単体複体** (simplicial complex) を得る．実は，上記の性質を単体複体を定義するときの公理とする．

その制約がないときは，**ハイパーグラフ** (hypergraph) という．

例 $U_1, \ldots, U_m$ を集合 M の空でない部分集合の集まりとする．$U_{i_1} \cap \cdots \cap U_{i_p}$ が $r(U_{i_1} \cap \cdots \cap U_{i_p}) \neq o$ と記す関係にあることの条件を，

$$U_{i_1} \cap \cdots \cap U_{i_p} \neq \emptyset \tag{3.1.4}$$

とする．すなわち，これらの集合が空でない交わり（共通部分）を持つときとする．すると前述の条件は満たされる．なぜなら，ここの集合はすべて空でなく，したがって $r(U_i) \neq o$ であり，集合の組が空でない交わりを持つならば，その一部のなす組も空でない交わりを持つからである．したがって，このような集合の集まりは，集合 U_i ($i = 1, \ldots, m$) に対応する頂点を持つ単体複体を定める．この単体複体を**チェック複体** (Čech complex) という．この構成は後の 4.6 節で取り上げる．

集合 M が測度（4.4 節参照）μ を持つとき，

$$r(U_{i_1} \cap \cdots \cap U_{i_p}) = \mu(U_{i_1} \cap \cdots \cap U_{i_p}) \tag{3.1.5}$$

とおくことができる．すると，各単体に実数を指定した複体，すなわち**重みつき単体複体** (weighted simplicial complex) が得られた．

導入の 2.1.4 節のように，関係が元の対，つまり $q = 1$ に対してのみ定義され，o と 1 と書く二つのみが r の値であるとき，ループのない有向グラフを得る．それはダイグラフともよばれる．順序がつかない場合には，これはループのない非有向グラフに還元する．それは通常は単にグラフとよばれる．その場合，V の元は頂点または節点 (node) とよばれる．すなわち順序がついた場合には，$r(v,w) = 1$ のとき，頂点 v から頂点 w への辺 $e := [v, w]$ を置く．順序がつかない場合には，単に v と w の間に辺を置く．「ループのない」とは，一つの頂点からそれ自身への辺は許されないことを意味する．（グラフはループがない．なぜなら，この章では異なる元の間のみ関係があり得ると仮定しているからである．自己との関係は 2 項的でなく，1 項的 $r(v) \neq o$ と考えられている．）また，どの 2 頂点間にも高々一つの辺が存在するという意味で，グラフは「単純」である．

r の値を二つに制限する代わりに，r が $\mathbb{R}$ または $\mathbb{C}$ に値をとるとする（そして o を 0 と同一視する）とき，重みつきグラフが得られる．v から w への辺の重みは $r(v,w)$ で与えられる．とくに，辺の重みが 0 であるのは，ちょうど $r(v,w) = 0$ のとき，すなわち v から w への辺が存在しないときという規約をする．

3.2 元を特定する関係

それに代わるアプローチは，関係のなす集合 S と写像
$$s : S \to \bigcup_{q=0,1,\ldots} V^{q+1} \tag{3.2.1}$$
から出発する．順序がつかない場合には，前節の規約に合わせて，s の値域は V の有限部分集合に限定することを要請して，余定義域を V の部分集合のなす $\mathcal{P}(V)$ にする．

たとえば，グラフを作るために，辺の集合 E と頂点の集合 V と写像
$$s : E \to V^2 \tag{3.2.2}$$
をとる．各辺 $e \in E$ に対して，$s(e) = (v_1, v_2)$ は辺の始点 v_1 と終点 v_2 を特定する．グラフが単純であるためには，s が単射と要請する．グラフにルー

プがないためには，$v_1 \neq v_2$ と要請する．非有向グラフを定めたいのであれば，s の値は頂点の順序なしの対とすればよい．ここの観点は，たとえばランダムグラフ，つまり頂点の対がある確率的な規則に従ってランダムにつながれるようなグラフの研究で役立つ．最も単純な場合，対への依存性なしで，すべての異なる頂点 $v_1 \neq v_2$ の対は確率 $0 < p < 1$ でつながれる．この構成はエルデシュとレーニ [34] により初めて提案され，グラフ理論の重要なパラダイムとなった．しかしながら本書では，確率論の領域には入らず，興味のある読者は [63] を参照されたい．

3.3 同型

元の間の関係の圏を特定し記述するどちらの方法を選んでも，圏論的記述は圏の二つのメンバーの間の射の概念を含むであろう．どちらの状況でも対応する射の概念を定式化するのは容易なので，ここでは一番簡単な非有向グラフの場合を考える．そのようなグラフは 3.1 節で説明したとおり，頂点の集合 V と辺の集合 E で特定される．射

$$\gamma : (V_1, E_1) \to (V_2, E_2) \tag{3.3.1}$$

は，すると頂点の集合の間の写像 $\eta : V_1 \to V_2$ であって，頂点の対に誘導される写像 $(v, v') \mapsto (\eta(v), \eta(v'))$ が E_1 に属する辺を E_2 の辺に写すようなもので与えられる．言い換えると，$\eta(v), \eta(v') \in V_2$ が辺で結ばれるのが，ちょうど $v, v' \in V_1$ が辺で結ばれるときになっていることである．

このような二つのグラフ $\Gamma_1 = (V_1, E_1)$，$\Gamma_2 = (V_2, E_2)$ は，射 $\gamma : \Gamma_1 \to \Gamma_2$，$\gamma' : \Gamma_2 \to \Gamma_1$ が存在して $\gamma' \circ \gamma$ と $\gamma \circ \gamma'$ がそれぞれ Γ_1 と Γ_2 の恒等写像であるとき，同型であるという．グラフ $\Gamma = (V, E)$ の自己同型射とは，（圏論の一般的概念を思い出すと）Γ からそれ自身への同型射である．

n 個の頂点を持つグラフ $\Gamma = (V, E)$ の自己同型群 $A(\Gamma)$ を理解するために，頂点集合 V の置換として対称群 $\mathfrak{S}_n$ が作用することに注目する．すると，Γ の自己同型群はちょうど $\mathfrak{S}_n$ の元で辺の集合 E をそれ自身に写すものからなる．辺の集合が空集合である自明なグラフ Γ_0 および，n 個の頂点のどの対に対しても辺があるグラフである完全グラフ K_n（次の図は K_4）

に対しては，

$A(\Gamma)$ は対称群 $\mathfrak{S}_n$ 全体である．その他のグラフに対しては，$A(\Gamma)$ は $\mathfrak{S}_n$ の真部分群であり，V に恒等写像として作用する自明な置換のみからなる自明な群の場合もある．非自明な同型を持たない最小のグラフは 6 頂点をもつ．次の図に例が示してある．

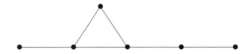

　小さなグラフは総じて非自明な自己同型を持つが，頂点集合が大きくなるにつれ，自己同型はまれになり，事実，大多数のグラフは非自明な自己同型を持たない．また，（同数の頂点を持つ）二つのグラフが同型であるかを確かめることは，NP 困難問題[1]であり，したがってグラフの自己同型群の決定も NP 困難問題である．ここではしかし，その詳細には立ち入りたくない．

　$s \in \mathfrak{S}_n$ がグラフ Γ の自己同型を与えないとき，それは Γ を Γ と同型な別のグラフ $s(\Gamma)$ に写す．そのグラフは Γ から頂点の置換と誘導された辺の写像により得られる．逆に，Γ に同型などのようなグラフもこの仕方で得られることが容易にわかる．

3.4 グラフのモジュライ空間

3.4.1 頂点から

ただ一つの関係に関する構造を調べる代わりに，可能な構造の全体を理

---

[1] これは本書では説明されない．これや計算複雑性理論の他の概念については，たとえば [92] 参照．

解したいとき，いわゆるモジュライ空間へと導かれる．（モジュライ空間の名称は，決められた位相的曲面に備わり得るさまざまな共形構造（リーマン面）のリーマンによる研究に由来する．）したがって，n 個の元の間の 2 項関係の構造すべての集合を見てみよう．このような構造は，n 個の元を頂点集合とする有向グラフ（ダイグラフ）に記録される．この構造すべてを同時に表示するために，このようなダイグラフを別のグラフ $D(n)$ の元（頂点）として考え，ダイグラフ Δ が Γ に向きを持った辺を加えることで得られるとき，Γ を表す頂点 v_Γ から v_Δ への向きづけられた辺を置く．

非有向グラフを考えるときも，同様に空間 $M(n)$ を得る．その頂点は n 個の元を頂点集合とするグラフ $\Gamma, \Delta, \ldots$ を表し，Δ が Γ に辺を加えることで得られるとき，v_Γ から v_Δ への辺を置く．こうして，$M(n)$ も有向グラフであり，その辺の向きを無視することでそれを非有向グラフとすることもできる．

辺の重みを $\mathbb{R}$ または $\mathbb{C}$ にとる重みつきグラフに対しては，付加的構造がある．というのも，各（重みなしの）グラフに対応する頂点に辺に指定された重みの値を付加できるからである．（辺のない 2 頂点間には重み 0 が指定された辺があると考える．）したがって，n 頂点を持つ重みつきグラフのモジュライ空間は（$\mathbb{R}$ または $\mathbb{C}$ または重みの値が属する体上の）ベクトル空間であり，その次元は（有向グラフに対しては）頂点の順序対の数 $n(n-1)$ で，（非有向グラフに対しては）順序なしの対の数 $\frac{n(n-1)}{2}$ である．

これらはすべて容易だが，一つ重要な側面を無視している．実際，モジュライ空間は圏の異なる対象を代表させなければならない．3.3 節で定義されたように，二つの同型なグラフは異なると考えるべきでない．これをここの形式的な枠組みに組み込むために，対称群 $\mathfrak{S}_n$ の $M(n)$（または $D(n)$）への誘導された作用を考えねばならない．（$M(n)$ と $D(n)$ の場合はまったく類似である．）n 頂点を持つ重みつきグラフのモジュライ空間はしたがって

$$\mathfrak{M}(n) := M(n)/\mathfrak{S}_n \qquad (3.4.1)$$

つまり $\mathfrak{S}_n$ による $M(n)$ の商である．

次の図はモジュライ空間 $\mathfrak{M}(4)$ を黒で表し，そのすぐ隣に各頂点が表すグラフをグレーで示した．$\mathfrak{M}(4)$ の構造をもう少し論じよう．$\mathfrak{M}(4)$ は 2 部

3.4 グラフのモジュライ空間 **97**

グラフであり，偶数個の辺の（濃いグレーの）グラフのなすクラスと奇数個の辺の（淡いグレーの）グラフのなすクラスとに分かれる．さらに，$\mathfrak{M}(4)$ には各グラフをその補グラフと入れ替える自己同型がある．たとえば，K_4 は自明なグラフに行き，スター S_3 と三角形は入れ替わり，道 P_3 はその自己同型の不動点である．

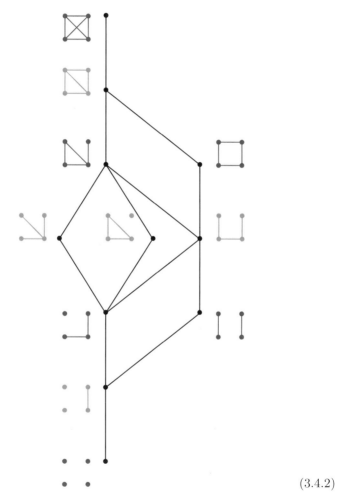

(3.4.2)

5頂点を持つグラフに移ると，図式 (3.4.3) はより複雑になっている．4頂点を持つグラフに対して見つけたグラフと補グラフとの間の対称性のお

かげで，その図では5本以下の辺を持つグラフのみを描いた．たとえば，ちょうど5頂点を持つグラフで確認をすることもできる．グラフ理論の基本的概念を使って見つけたことを評価できる．道とは，異なる頂点の列 $v_1, \ldots, v_m$ で v_ν と $v_{\nu+1}$ ($\nu = 1, \ldots, m-1$) が辺でつながっているものをいう．どの2頂点も道で結べるとき，そのグラフを連結という．閉路 (cycle) とは閉じた道 $v_0, \ldots, v_m = v_0$，すなわち，頂点 $v_1, \ldots, v_m$ は互いに異なるが，最初の頂点 v_0 が最後の頂点 v_m と同じであるものをいう．$m = 3, 4, 5$ に対しては，それを3角形，4角形，5角形という．閉路を持たない連結グラフは木 (tree) とよばれる．n 頂点を持つ木は $n-1$ 本の辺を持つ．n 頂点を持ち $n-1$ 本より多くの辺を持つグラフは閉路を含まねばならない．とくに，5頂点と5本の辺を持つグラフは少なくとも一つの閉路，つまり3角形，4角形，あるいは5角形を含む．3角形を含むときは，残り二つの頂点は3角形の同一の頂点と結ばれているか，3角形の異なる頂点と結ばれているか，またはその内の1頂点が3角形の2頂点に，または3角形の頂点一つともう1頂点と結ばれている．同様に4角形を含むときは，4角形内に1対角線があるか（この場合は1頂点が3角形の2頂点と結ばれているのと同じだが），残りの頂点が4角形の頂点のどれかと結ばれている．したがって，6個の互いに同型でない5頂点と5本の辺を持つグラフが見つかった．

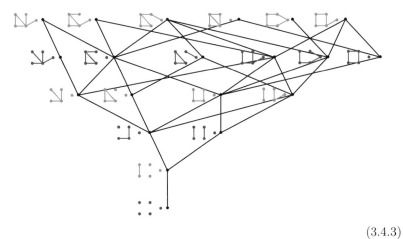

(3.4.3)

別のチェックとして，頂点の次数の列を見ることができる．5頂点と5本

の辺を持つ 6 個のグラフについて，その列は（図式に現れる順番に）

$(1,1,2,2,4)$, $(1,1,2,3,3)$, $(1,2,2,2,3)$, $(0,2,2,3,3)$, $(2,2,2,2,2)$,

$(1,2,2,2,3)$

である．頂点の次数の和は常に辺の数の 2 倍に等しくなければならない．いまの場合は 10 である．また，二つの道を持つ 3 角形と，1 頂点のみつながっている 4 角形という，同じ頂点の次数の列を持つグラフが 2 通りある．したがって，次数の列は必ずしも同型でないグラフを識別できるとは限らない．

いずれにせよ，より多くの頂点の場合の考察をすると，グラフの同型類を数え上げるやり方はもはや可能ではなく，したがって，グラフのこのような族を調べるより抽象的かつ一般的な方法を開発する必要がある．多くの問いが立てられ得る．たとえば，互いに非同型な n 頂点を持つ連結グラフはいくつ存在するだろうか．A_n をその数とおく．すると，$A_2 = 1$, $A_3 = 2$, $A_4 = 6$, $A_5 = 21$ である．しかし任意の n に対する A_n の公式は何か．見つけるのは簡単ではない．

3.4.2 辺から

n 頂点を持つ完全グラフ K_n は $\frac{n(n-1)}{2}$ 本の辺を持つ．$N := (\frac{n(n-1)}{2} - 1)$ 次元単体，すなわち $\frac{n(n-1)}{2}$ 個の頂点 $x_0, \ldots, x_N$ で決まる単体と，そのすべての部分単体からなる単体複体 Σ_N を考える．各頂点 x_j は K_n の辺を表す．したがって，Σ_N の頂点 $x_{i_0}, \ldots, x_{i_k}$ を持つ部分単体は対応する辺 $e_{i_0}, \ldots, e_{i_k}$ を持つグラフを表す．ここでも $\mathfrak{S}_n$ の Σ_N への誘導された作用があり，この設定での n 頂点を持つグラフのモジュライ空間は

$$\Sigma_N / \mathfrak{S}_n \tag{3.4.4}$$

で与えられる．当面 $\mathfrak{S}_n$ の作用を忘れると，単体 Σ_N は K_n とそのすべての部分グラフを合わせたものを表すと見ることができる．同様にして，別の n 頂点を持つグラフ Γ をとり，Γ とそのすべての部分グラフを合わせた単体複体を考えることができる．

3.4.3 辺の重みから

すでに見たとおり,辺の(複素数)重みつきグラフのモジュライ空間はベクトル空間 $\mathbb{C}^{n(n-1)/2}$ であり,各辺の重みを加えてそうなるのであった.グラフの頂点を置換する対称群 $\mathfrak{S}_n$ がそのベクトル空間に作用する.これが群のベクトル空間への作用であるので,ここで表現論の領域に入る.その理論を簡単に紹介して,4頂点を持つグラフのモジュライ空間の例に適用しよう.

3.4.4 表現論

定義 3.4.1 (有限)群 G の(線形)**表現**とは,(有限次元)複素ベクトル空間 V の自己同型群への群準同型

$$\rho : G \to \mathrm{Gl}(V) \tag{3.4.5}$$

のことをいう.ρ は V に G 加群の構造を与えるともいわれる.

通常,ρ は文脈から明らかということを仮定した上で,V は G の表現という.

ここで,$\mathrm{Gl}(V)$ はベクトル空間 V の可逆な自己線形写像のなす群である.V をその基底を選んで $\mathbb{C}^n$ と同一視すると,$\mathrm{Gl}(V)$ は可逆行列により作用して,各 $g \in G$ も $\rho(g)$ を通してそのように作用する.したがって,$v \in V$ についてしばしば $\rho(g)v$ の代わりに gv と書く.

そうすると,G の表現 V と W の間の射は,線形写像 $L : V \to W$ であって G の作用と可換であるもの,すなわち,各 $g \in G$ に対して図式

$$\begin{array}{ccc} V & \xrightarrow{L} & W \\ {\scriptstyle g}\downarrow & & \downarrow{\scriptstyle g} \\ V & \xrightarrow{L} & W \end{array} \tag{3.4.6}$$

が可換となるもので与えられる.

ゆえに,同型を除いて G の表現に自然に関心がある.同型な表現を $V \cong$

W と記す.

表現の概念はベクトル空間に対する自然な操作と両立している. 表現 V, W に対して, 直和 $V \oplus W$ とテンソル積 $V \otimes W$ はやはり表現である[2]. たとえば,

$$g(v \otimes w) = gv \otimes gw \tag{3.4.7}$$

と定義する. V 上の表現 ρ は双対 $V^* = \mathrm{Hom}(V, \mathbb{C})$ 上の表現 ρ^* を, ペアリング $\langle v^*, v \rangle := v^*(v)$ が保存されるように誘導する. すなわち,

$$\langle \rho^*(g)v^*, \rho(g)v \rangle = \langle v^*, v \rangle \quad (\forall v, v^*) \tag{3.4.8}$$

という条件, つまり

$$\rho^*(g) = \rho(g^{-1})^t : V^* \to V^* \tag{3.4.9}$$

が満たされるように定める. したがって, V, W が表現であるとき,

$$\mathrm{Hom}(V, W) = V^* \otimes W \tag{3.4.10}$$

も表現となる. g が $L \in \mathrm{Hom}(V, W)$ に

$$L \mapsto g \circ L \circ g^{-1} \quad v \mapsto g(L(g^{-1}v)) \tag{3.4.11}$$

を通じて作用する. L は

$$g \circ L \circ g^{-1} = L \quad (\forall g) \tag{3.4.12}$$

が満たされるとき, G 線形または G 共変という. 言い換えると, 表現 V, W の間の G 線形写像の空間は, $\mathrm{Hom}(V, W)$ の元で G の作用で不変なもの全体

$$\mathrm{Hom}^G(V, W) \tag{3.4.13}$$

---

[2] 直和とテンソル積は圏論用語で定義される. その構成については 8.2 節参照. ここの目的のためには, $V = \mathbb{C}^n, W = \mathbb{C}^m$ の場合を考えれば十分であり, $(e_1, \ldots, e_n)$ と $(f_1, \ldots, f_m)$ をそれぞれの基底とする. すると, $\mathbb{C}^n \oplus \mathbb{C}^m$ は $(e_1, \ldots, e_n, f_1, \ldots, f_m)$ を基底とするベクトル空間 $\mathbb{C}^{n+m}$ であり, $\mathbb{C}^n \otimes \mathbb{C}^m$ は $(e_i \otimes f_j), i = 1, \ldots, n, j = 1, \ldots, m$ を基底ベクトルとするベクトル空間 $\mathbb{C}^{nm}$ である.

と同一視される.

定義 3.4.2 表現 V の部分空間 $V' \neq \{0\}$ で G の作用で不変な（すなわち，$\forall v' \in V'$, $g \in G$ について $gv' \in V'$ となる）ものは，**部分表現** (subrepresentation) とよばれる．$V' \subsetneq V$ のとき，これを真部分表現という．表現 V は，真部分表現を持たないとき，**既約** (irreducible) という．既約でないとき可約であるという．

次の重要な補題が成り立つ．

補題 3.4.1 V の各真部分表現 V' について，補部分表現が存在する．すなわち，G 不変部分空間 V'' であって

$$V = V' \oplus V'' \tag{3.4.14}$$

を満たすものが存在する．

証明 V 上のエルミート内積 $\langle .,. \rangle$ をとり，G 上で平均することで G 不変なエルミート内積

$$\langle v, w \rangle_G := \sum_{g \in G} \langle gv, gw \rangle \tag{3.4.15}$$

を得る．(ここで G 不変性は $\langle hv, hw \rangle_G = \langle v, w \rangle_G$ ($\forall h \in G$) を意味する．(3.4.15) の G 不変性は，g が G の元すべてを動くとき，どの $h \in G$ でも gh は G の元すべてを動くという事実から従う．) そして，V'' を $\langle .,. \rangle_G$ に関する直交補空間をとればよい． □

内積を G 作用で平均するというこの証明の方法は，単純だがとても重要である[3]．実際，コンパクトリー群の表現論では，群上の不変測度に関する積分での平均化は基本的である．非コンパクト群については，一般にはその方法はうまくいかない．

これよりただちに次の補題を得る．

---

[3] 平均をとる方法はここで記されているより一般的な展望がある．なぜなら，それは $\mathbb{C}$ または $\mathbb{R}$ のほかの体上のベクトル空間での線形表現に対しても使われるからである．しかしながら，標数が群の位数を割り切る体においてはうまくいかない．ここではそれを詳細に説明することは差し控える．

補題 3.4.2（シューア） V, W を G の既約表現，$L \in \mathrm{Hom}^G(V, W)$ とするとき，$L = 0$ または L は同型である．$V = W$ のときは，$L = \lambda\,\mathrm{id}$ となる λ がある．したがって，次が成り立つ．

$$\dim \mathrm{Hom}^G(V,W) = \begin{cases} 1 & (V \cong W) \\ 0 & (V \not\cong W) \end{cases} \tag{3.4.16}$$

証明 L の核と像は不変部分空間である．既約性は，それらが 0 であるか，V または W の全体であることを意味する．$V = W$ のとき，L は固有値 λ を持たねばならず，したがって $L - \lambda\,\mathrm{id}$ は 0 でない核を持つ．既約性により，この核は V 全体でなければならない．ゆえに $L = \lambda\,\mathrm{id}$ となる．□

注意 シューアの補題において，表現が複素数体上であり，固有値の存在を保証するのは重要である．

系 3.4.1 有限群 G のどの表現 V も，既約表現 V_i の直和に重複度 m_i も含め一意的に分解する．

$$V = V_1^{\oplus m_1} \oplus \cdots \oplus V_k^{\oplus m_k} \tag{3.4.17}$$

（ここで，もちろん直和因子の置換を除き一意性は成り立つ．）

証明 分解は補題 3.4.1 より，一意性はシューアの補題 3.4.2 より従う．□

群 G に対して，まず最初に $\mathbb{C}$ 上に自明な表現が次のように定義される．

$$gv = v \quad (\forall v \in C) \tag{3.4.18}$$

対称群 $\mathfrak{S}_n$ に対しては，座標軸を入れ替えるベクトル空間 $\mathbb{C}^n$ 上の置換表現ができる．この表現は既約でない．なぜなら，$\mathbb{C}^n$ の標準基底ベクトルを e_i $(i = 1, \ldots, n)$ として，$\sum e_i$ が 1 次元の不変部分空間を張るから．その補空間

$$V := \{z = (z^1, \ldots, z^n) \in \mathbb{C}^n : \sum z^i = 0\} \tag{3.4.19}$$

上の表現は既約である．これは標準表現とよばれる．

さらに，$\mathbb{C}$上には次で定義される交代表現

$$v \mapsto \mathrm{sgn}(g)v \tag{3.4.20}$$

が存在する．ここで符号 $\mathrm{sgn}(g)$ は g が偶数個または奇数個の互換の積に表示されるのに従って，1 または -1 となる．（読者は 2.1.6 節から，どの置換も互換の積に書けることを思い出してみよ．互換は作用する集合の二つの元を交換するものだった．以下では，i と j のみを交換する置換を (ij) と表す．交代群は，この表現の核である．）

実は，どの有限群 G も置換群として作用する．より詳しくいうと，G は置換群の部分群と見なすことができる．実際，それは左平行移動としてそれ自身に作用し，この作用は群の元を置換する．一般に G が有限集合 S に左から作用するとき，S の置換群への準同型 $G \to \mathrm{Aut}(S)$ が得られる．それは G のベクトル空間 V_S への表現を誘導する．ここで，V_S は元 $s \in S$ に対応する元 e_s を基底とするベクトル空間で，表現は

$$g \sum \lambda_s e_s = \sum \lambda_s e_{gs} \tag{3.4.21}$$

で与えられる．したがって，$S = G$ で G が左平行移動として作用する場合は特別な場合であるが，得られる表現 V_R は G の正則 (regular) 表現とよばれる．しかしながら，$\mathfrak{S}_n$ の置換表現は正則表現ではない．なぜなら，前者は $\mathfrak{S}_n$ の n 個の元への作用により誘導される一方で，後者は $\mathfrak{S}_n$ のそれ自身への左平行移動による作用に由来するからである．

先の 4 頂点を持つグラフの例に戻ると，$\mathfrak{S}_4$ が $M(4)$ に作用する．より詳しくは，4 頂点を持つ重みつきグラフの空間 $\mathbb{C}^6$ に辺の置換として作用する．辺は頂点の対で与えられるので，この表現は $\mathrm{Sym}^2 \mathbb{C}^4$ 上の表現，つまり置換表現から誘導された 4×4 対称複素行列での表現である．この表現も既約ではない．まず最初に，(j, j) ($j = 1, 2, 3, 4$) という形の対による部分表現は置換表現である．（それは議論されたように，自明な表現と標準表現の和に分解する．）$\mathrm{Sym}^2 \mathbb{C}^4$ は 10 次元だから，6 次元の表現が残っている．それにも再び置換表現が，1 頂点を共有する辺の三つ組に作用する部分表現として含まれている．たとえば，頂点 1 と 2 を入れ替えるとき，辺の三つ組 e_{12}, e_{13}, e_{14} は辺の三つ組 e_{12}, e_{23}, e_{24} に行く．この置換表現も，いつも

どおり，自明な表現と標準表現の和に分解する．残った表現は2次元である．この表現は実際，商群

$$\mathfrak{S}_3 = \mathfrak{S}_4/\{1, (21)(43), (31)(42), (41)(32)\} \tag{3.4.22}$$

の表現である．ここで (ji) は頂点 j と i の置換である．この表現は反対の辺の対を入れ替える．したがって，$\mathfrak{S}_3$ が辺の対の集合 $\{(e_{12}, e_{34}), (e_{13}, e_{24}), (e_{14}, e_{23})\}$ に置換で作用する．それは2次元表現にすぎない．なぜなら，すでに自明な表現を外しているからである．言い換えると，$\mathfrak{S}_3$ の標準表現が得られた．

さて，有限群 G の表現のより体系的な扱いへと進もう．群 G はそれ自身に共役で作用する．

$$g \to hgh^{-1} \quad (\forall h \in G) \tag{3.4.23}$$

この作用の軌道は**共役類** (conjugacy class) とよばれる．つまり，g の共役類は

$$C(g) := \{hgh^{-1} : h \in g\} \tag{3.4.24}$$

である．もちろん，G がアーベル群であるとき，元の共役類はその元のみからなる．しかしながら，ここでは対称群 $\mathfrak{S}_n$ のような非アーベル群にむしろ興味がある．

共役は G の元についての同値関係である（たとえば，$g_2 = hg_1h^{-1}$ ならば，$k = h^{-1}$ として $g_1 = kg_2k^{-1}$ となり，対称性が示される）から，群 G は異なる共役類の交わりのない合併である．群 G のこの分割は表現を理解するときの鍵となる．

共役類内の群の元は互いに似ているはず，より正確には，表現に本質的に同じ仕方で作用するはずである．g_1 と $g_2 = hg_1h^{-1}$ が共役であるとき，g_2 の作用は単に h の作用によりベクトル v をずらして g_1 の作用から得られる．式の形では，$g_2(hv) = hg_1h^{-1}hv = hg_1v$ となる．したがって，今度は G の共役類上で定数である関数を考え，表現が特別な類関数，いわゆる指標 (character) を生み出すことを見よう（系 3.4.3 参照）．とくに，有限群の既約表現の数は共役類の数に等しい（系 3.4.2 参照）．

定義 3.4.3 G 上の**類関数** (class function) とは G の各共役類上で一定の値をとる複素数値関数のことである．類関数のなすベクトル空間を $\mathbb{C}_{\text{class}}(G)$ と記す．$\mathbb{C}_{\text{class}}(G)$ 上にはエルミート内積

$$(\phi, \psi) := \frac{1}{|G|} \sum_g \overline{\phi(g)} \psi(g) \tag{3.4.25}$$

が定義される．ここで，正規化の因子 $|G|$ はもちろん G の元の個数である．

次の補題は類関数が群の表現を理解するために関係があることを示す．

補題 3.4.3 $\phi : G \to \mathbb{C}$ が類関数で V を G の表現とするとき，

$$L_{\phi,V} := \sum_g \phi(g) g : V \to V \tag{3.4.26}$$

は G 共変である．

証明

$$\begin{aligned}
L_{\phi,V}(hv) &= \sum_g \phi(g) g(hv) \\
&= \sum_g \phi(hgh^{-1}) hgh^{-1}(hv) \\
&\quad\quad\quad (g\text{ が }G\text{ を動くとき }hgh^{-1}\text{ も }G\text{ を動くため}) \\
&= h(\sum_g \phi(g) g(v)) \quad (\phi\text{ が類関数だから}) \\
&= h(L_{\phi,V}(v))
\end{aligned}$$

となり，G 共変性の条件が満たされる． □

証明のポイントは，h と g が可換でなくとも g の右から左へ h を引き出すことである．それは，gh と hg が同じ共役類に入り，ϕ は共役類上で一定値であるからだ．

（実は，逆も成り立つ．つまり，$L_{\phi,V}$ が G 共変なら，ϕ は類関数である．読者は自分で証明を試みよ．）

類関数 $\phi_0(g) = \frac{1}{|G|}$ ($\forall g$) とそれに付随する G 共変な変換

$$L := L_{\phi_0, V} := \frac{1}{|G|} \sum_g g : V \to V \tag{3.4.27}$$

を考える．すると次が成り立つ．

補題 3.4.4 L は V を次の固定点集合上に射影する．

$$V^G := \{v \in V : gv = v \ (\forall g \in G)\} \tag{3.4.28}$$

証明 どの $h \in G$ についても

$$\begin{aligned} hLv &= \frac{1}{|G|} \sum_g hgv \\ &= \frac{1}{|G|} \sum_g gv \quad \text{（おなじみの議論により）} \\ &= Lv \end{aligned}$$

となり，したがって L の像は固定点集合に含まれる．逆に，v がすべての g で固定されるならば，g についての平均である L によっても固定される．とくに $L \circ L = L$ である． □

さて，表現は特別な類関数により理解できることが明らかになるだろう．

定義 3.4.4 G の表現 V の**指標** (character) とは次の類関数のことである．

$$\chi_V(g) := \mathrm{tr}(g_{|V}) \tag{3.4.29}$$

行列のトレースは共役で不変だから，もちろん χ_V は類関数である．

本節の主な結果は，指標が $\mathbb{C}_{\mathrm{class}}(G)$ のエルミート内積 (3.4.25) に関して正規直交基底をなすことである．

まずやさしい例から始めよう．

1. 自明な表現については，すべての g について $\chi(g) = 1$ である．
2. $\mathfrak{S}_n$ の交代表現については，すべての g について $\chi(g) = \mathrm{sgn}(g)$ となる．

3. V_1 を G の 1 次元表現とする．V_1 と $\mathbb{C}$ を同一視すると，ある $\lambda \in \mathbb{C}$ について $g1 = \lambda$ $(\forall g \in G)$ であり，G が有限なので，ある n について $\lambda^n = 1$ となる．したがって，λ は 1 の冪根であり，ゆえに

$$|\chi_{V_1}(g)| = 1 \tag{3.4.30}$$

である．

4. $\mathfrak{S}_n$ の置換表現については，$\chi(g)$ は $\mathfrak{S}_n$ が作用する n 元集合での g の固定点の数に等しい．これは容易にわかる．行列のトレースは対角成分の和であり，ある元が g で固定されると，置換表現の g の行列の対角線上に対応する 1 がある．一方，二つの元が g で入れ替えるとき，対応する行列は次の形のブロック

$$\begin{pmatrix} 0 & 1 \\ 1 & 0 \end{pmatrix} \tag{3.4.31}$$

を持ち，その対角成分は 0 である．

5. この前の例は集合 S の置換群の任意の部分群に拡張し，とくに G のそれ自身への左平行移動が誘導する正則表現 V_R に拡張する．とくに，次が成り立つ．

$$\chi_{V_R}(e) = |G| \tag{3.4.32}$$

$$\chi_{V_R}(g) = 0 \quad (g \neq e) \tag{3.4.33}$$

6. 置換表現は自明な表現と標準表現との直和に分裂するので，後者の指標を (3.4.35) から導くことができる．標準表現の $\chi_V(g)$ は単に g の固定点の数から 1 を引いたものに等しい．

次に指標に関する初等的な一般的結果を集めておく．

補題 3.4.5 G の表現 V, W に対して，指標は次を満たす．

$$\chi_{V \oplus W} = \chi_V + \chi_W \tag{3.4.34}$$

$$\chi_{V \otimes W} = \chi_V \chi_W \tag{3.4.35}$$

$$\chi_{V^*} = \overline{\chi_V} \tag{3.4.36}$$

$$\chi_{\mathrm{Hom}(V,W)} = \overline{\chi_V}\chi_W \tag{3.4.37}$$

$$\chi_{\bigwedge^2 V}(g) = \frac{1}{2}(\chi_V(g)^2 - \chi_V(g^2)) \tag{3.4.38}$$

$$\chi_{\mathrm{Sym}^2 V}(g) = \frac{1}{2}(\chi_V(g)^2 + \chi_V(g^2)) \tag{3.4.39}$$

証明 これらすべての公式は，行列のトレースはその固有値の和であるという事実から容易に従う．たとえば，g の V 上の固有値を λ_i とするとき，$\bigwedge^2 V$ への作用の固有値は $\lambda_i \lambda_j$ ($i < j$) であり，

$$\sum_{i<j} \lambda_i \lambda_j = \frac{1}{2}((\sum \lambda_i)^2 - \sum \lambda_i^2) \tag{3.4.40}$$

に注意する．$\mathrm{Sym}^2 V$ については，その作用の固有値は $\lambda_i \lambda_j$ ($i \leq j$) であることを使うか，次の関係を使えばよい．

$$V \otimes V = \mathrm{Sym}^2 V \oplus \bigwedge^2 V \tag{3.4.41}$$

また (3.4.37) は，(3.4.10), (3.4.35), (3.4.36) から従う． □

補題 3.4.5 は容易である一方，それは重要な原理を表す．表現の間の**代数的**関係はその指標の間の**算術的**関係に転換される．

さて鍵となる観察をしよう．

補題 3.4.6 G の表現 V, W に対して，次が成り立つ．

$$\dim V^G = \frac{1}{|G|} \sum_g \chi_V(g) \tag{3.4.42}$$

ここで V^G は (3.4.28) の固定点集合である．

証明 $L = \frac{1}{|G|} \sum_g g : V \to V$ についての補題 3.4.4 により，

$$\dim V^G = \mathrm{tr}\, L = \frac{1}{|G|} \sum_g \mathrm{tr}\, g = \frac{1}{|G|} \sum_g \chi_V(g). \tag{3.4.43}$$

□

さて，すべてを一緒にまとめよう．V, W を G の表現として，補題 3.4.6 を表現 $\mathrm{Hom}(V, W)$ に適用する．(3.4.37) から，この表現の指標は $\overline{\chi_V}\chi_W$ であり，これを $|G|$ で割ると指標 χ_V と χ_W のエルミート内積 (3.4.25) を得る．それと同時に (3.4.42) を適用可能にすると，このエルミート内積は次となることが結論できる．

$$\frac{1}{|G|}\sum_g \overline{\chi_V}(g)\chi_W(g) = \begin{cases} 1 & (V \cong W \text{ のとき}) \\ 0 & (V \not\cong W \text{ のとき}) \end{cases} \quad (3.4.44)$$

定理 3.4.1 G の既約表現の指標は $\mathbb{C}_{\mathrm{class}}(G)$ のエルミート内積 (3.4.25) に関して正規直交基底をなす．

証明 直交性は (3.4.44) に含まれている．指標が $\mathbb{C}_{\mathrm{class}}(G)$ を張ることを示すためには，すべての表現の指標について $(\phi, \chi_V) = 0$ を満たす類関数 ϕ は $\phi = 0$ のみであることを示す必要がある．実際，任意の表現は既約表現の和であるから，もちろん既約表現の指標のみを考えればよい．既約表現 V に対して，(3.4.26) の G 共変写像 $L_{\phi,V} = \sum_g \phi(g) g : V \to V$ を考える．シューアの補題 3.4.2 により，$L_{\phi,V} = \lambda \,\mathrm{id}$ となるから，

$$\lambda = \frac{1}{\dim V}\mathrm{tr}\, L_{\phi,V} = \frac{1}{\dim V}\sum_g \phi(g)\chi_V(g) = \frac{|G|}{\dim V}\overline{(\phi, \chi_{V^*})} = 0$$

である．これは，すべての表現 V について

$$\sum_g \phi(g) g = 0 \quad (3.4.45)$$

であることを意味する．しかし，たとえば正則表現について，g による作用は一次独立である．したがって，(3.4.45) は $\phi(g) = 0 \;(\forall g)$ を導く．ゆえに $\phi = 0$ である． □

この定理からただちにいくつかの系が従う．

系 3.4.2 有限群 G の既約表現の数は G の共役類の数に等しい．

証明 $\mathbb{C}_{\mathrm{class}}(G)$ の次元は G の共役類の数に等しいため． □

系 3.4.3 表現はその指標で決定される.

系 3.4.4 表現 V と既約表現 V_i に対して, V_i は V の中に重複度 $m_i = (\chi_V, \chi_{V_i})$ で現れる. とくに, V が既約であるのはちょうど次が成り立つときである.

$$(\chi_V, \chi_V) = 1 \tag{3.4.46}$$

証明 (3.4.17) によれば, V を $V_R = V_1^{\oplus m_1} \oplus \cdots \oplus V_k^{\oplus m_k}$ と分解できる. そして (3.4.34) により

$$(\chi_V, \chi_V) = \sum m_i^2 \tag{3.4.47}$$

となり, 結果が従う. □

系 3.4.5 V が G の既約表現で V_1 が 1 次元表現であるとき, $V \otimes V_1$ も既約である.

証明 (3.4.35) により, $\chi_{V \otimes V_1} = \chi_V \chi_{V_1}$ であり, (3.4.30) により

$$(\chi_V \chi_{V_1}, \chi_V \chi_{V_1}) = (\chi_V, \chi_V) = 1.$$

なぜなら V は既約であり, 直前の系が適用できるからである. これから, $V \otimes V_1$ も既約であることが示される. □

もちろん, V_1 が自明な表現であるときはこれは自明である. しかし, たとえば置換群の交代表現にこの系を適用してもよい.

系 3.4.6 G が自明 ($G = \{e\}$) でない限り, G の正則表現は既約でない. 実際, それはすべての既約表現 V_i の和であり, その和において V_i は重複度 $m_i = \dim V_i$ で現れる. したがって, 次が成り立つ.

$$|G| = \dim V_R = \sum_{V_i\,:\,G\text{ の既約表現}} (\dim V_i)^2 \tag{3.4.48}$$

$$0 = \sum (\dim V_i) \chi_{V_i}(g) \quad (g \neq e) \tag{3.4.49}$$

証明 (3.4.46), (3.4.32), (3.4.33) により, $|G| > 1$ のとき正則表現が既約でないことが従う. 正則表現を

$$V_R = V_1^{m_1} \oplus \cdots \oplus V_k^{m_k} \tag{3.4.50}$$

と既約表現の和に分解すると,

$$\dim V_R = \sum_i m_i \dim V_i \tag{3.4.51}$$

となる. 定理 3.4.1, (3.4.47), (3.4.32), (3.4.33) により,

$$m_i = (\chi_{V_i}, \chi_{V_R}) = \frac{1}{|G|}\chi_{V_i}(e)|G| = \dim V_i \tag{3.4.52}$$

を得る. また (3.4.51) により (3.4.48) が従う. 同様に (3.4.49) は (3.4.33) から従う. □

テストとして, これまでの理論を対称群 $\mathfrak{S}_4$ に適用してみよう. 表現と 4 頂点を持つグラフの辺の集合への作用, および対応する $M(4)$ への作用についての抽象的議論から, すでに次の表現を知っている.

1. 自明な表現 V_0
2. 交代表現 V_1
3. 標準表現 V
4. 商群 $\mathfrak{S}_3$ の表現 V_3
5. 系 3.4.5 による表現 $V' = V \otimes V_1$

さて, これらの表現の指標といままでの結果から, これらが既約表現のすべてであることを確かめよう. 準備として, $\mathfrak{S}_4$ が 1, (21), (21)(43), (231) と (2341) で代表される共役類を持つことに注意する. それぞれ 1, 6, 3, 8, 6 個の元を含む. また置換表現 V_P は標準表現と自明な表現の和であり可約であることを復習しておく. すると, まず V_P に対して, そして知っている 5 個の表現に対する $\mathfrak{S}_4$ の指標表を得る.

3.4 グラフのモジュライ空間

類	1	(21)	(21)(43)	(231)	(2341)
元の個数	1	6	3	8	6
V_P	4	2	0	1	0
V_0	1	-1	1	1	1
V_1	1	-1	1	1	-1
V	3	1	-1	0	-1
V_3	2	0	2	-1	0
V'	3	-1	-1	0	1

たとえば,指標 $\chi_{V_P}(g)$ は g による置換の固定点の個数で与えられ,これで第 1 行が決まる.V_0 の行は明らかであり,すると V の行は,(3.4.34) を使い関係 $V_P = V \oplus V_0$ から従う.V_1 の行はやはり明らかであり,V' の行は (3.4.35) を使い $V' = V \otimes V_1$ から従う.最後に,V_3 の指標は直接決定できるし,(3.4.48) と (3.4.49) の助けを借りてその他の指標からも導ける.

実は,(V_0 以下の) 指標表の行が互いに直交しているように,(V_0 以下の) 列も直交するので,

$$\sum_{V_i\,:\,G \text{ の既約表現}} \overline{\chi_{V_i}(g)} \chi_{V_i}(h) = 0 \quad (g \text{ と } h \text{ が共役でないとき}) \quad (3.4.53)$$

となることが観察できる.上記の $\mathfrak{S}_4$ の指標表でも確認できる.

ここで $\mathfrak{S}_4$ の 4 頂点を持つグラフの辺の集合への作用をその指標表を求めるのに利用した.代わりに,3 次元立方体へのその空間的対角線の置換による作用を使うこともできる.それを実行するのは読者の教育的な演習問題となる.

より重要なことだが,これまでの分析を任意の $d \in \mathbb{N}$ についての対称群 $\mathfrak{S}_d$ にどのように一般化するかを調べるよう,読者にお勧めする.

本節の参考文献は [40] であり,多くの詳細はそれに従った.この題材は,たとえば [17, 75, 111] で提示されている.有限群の表現論はもともとはフロベニウス (Frobenius) とシューア (I. Schur) により展開された ([99] 参照).コンパクトリー群の表現に対しても,ペーターとワイル [93] が示したように,同様の方法が適用できる.より一般に,コンパクトリー群の表現のカルタン–ワイルの理論は,アーベル部分群の下での既約表現を分解する.たとえば [54, 69, 116] を参照せよ.

第4章　空　間

　科学の歴史において，物理的対象または物体と空間の間の関係には異なる概念としての捉え方が現れた．アリストテレス的およびデカルト的物理の基にある見方は，空間は物体を囲むだけだというものである．その視点では，物体は存在論的な優位にある．物体なしでは，空間は存在しない．16世紀の自然哲学に出現し，ガリレオ的かつニュートン的物理にとって基本的である別の見方では，物体は最初から存在していた空間を埋めるものである．この後者の見方がまさに本章で展開される位相的概念の基にある．もっとも，その痕跡を抽象的定義に見出すのはいささか難しいかもしれない．したがって，くだけた言葉でこの側面を示してみよう．トポロジーとは，集合とその部分集合に関するもので，開集合族として特定の部分集合の集まりを指定することにより，その集合に空間の構造を備えるものである．そして開集合の補集合が閉集合とよばれる．閉集合は境界を含む一方，開集合は含まない．$a < b \in \mathbb{R}$ が固定されたとき，実数直線の標準的な位相に関して，$\{x \in \mathbb{R} : a < x < b\}$ という形の区間は開集合で，$\{x \in \mathbb{R} : a \leq x \leq b\}$ という形の区間は閉集合である．これらの区間の境界は点 a と b からなる．同様に，$\mathbb{R}^d$ において，たとえば連続関数 f に対し $\{x \in \mathbb{R}^d : a < f(x) < b\}$ のように，開集合は等号なしの不等式で作られ，閉集合は同様の等号ありの不等式で作られる．ここには書き下さないある種の非退化性の条件の下で，先ほどの集合の境界は超曲面 $\{x : f(x) = a\}$ と $\{x : f(x) = b\}$ からなる．

　このレベルの抽象化において，物理的物体は空間の閉部分集合と考えられるだろう．今度は素朴な物理の言葉でこのことの意味するところを探求

しよう．境界は物体の表面を表す．自然な直観だと，二つの物体はその表面に沿ってお互いに触れる．ちょうどあなたが他の人と握手をする，あるいは他のやり方で物理的接触をするときのように．これは，しかしながら上記の位相とは両立しない．その位相においては，二つの集合はある境界面を通じてのみ接触でき，その交わらない二つの集合の境界面はどちらか一方にのみ属することが可能である．言い方を変えると，二つの閉集合が互いに接触するならば，それらは一つの表面を共有せねばならない．たとえば，$B_1 = \{x : a < f(x) < b\}$ と $B_2 = \{x : b < f(x) < c\}$ とするとき，それらは境界面 $\{f(x) = b\}$ を共有する．その意味で，われわれが展開しようとしている位相は，若干直観に反する，あるいは，少なくともアリストテレス的な物理の見方とは両立しない．二つの物体がそれぞれの境界面に沿って互いに接触する代わりに，むしろ二つの部屋が共通の壁で分けられている状況を考えるべきである．たとえば，部屋 $C_1 = \{x : a < f(x) < b\}$ と $C_2 = \{x : b < f(x) < c\}$ は壁 $\{f(x) = b\}$ を共有し，それはどちらにも属さない．（この壁が限りなく薄いことは無視しよう．）

　もちろん，二つの物体が互いに接触するときに何が起こるかを真に物理的に理解するには，原子物理学に頼らねばならなし，物理的対象と物理的空間の間の関係を究めるためには，一般相対性理論を詳しく見ねばならない．しかし，それはここでの関心事ではなく，以下，位相空間という数学的概念を展開させる．この概念は，実質的にハウスドルフ (Hausdorff) [48] によるが，3次元空間で物理を抽象的にモデル化するより，はるかに広い意義を持ち，実際，それは現代数学の基本的道具の一つをなしている．

　ここまでのくだけた議論において，数直線の位相を示すために，順序 $<$ を使った．しかしながら実のところ，これから展開しようとしている位相空間の抽象的概念は，このような順序を必要としない．与えられた集合のべき集合に構造を単に課すだけである．位相を全面的に理解するために，概念をひも解く必要のある重要な例として，それは役立つ．またそれは，第5章での考察を導いてくれるだろう．

4.1 前位相空間と位相空間

集合 X に対して $\mathcal{P}(X)$ を冪集合,すなわち,すべての部分集合のなす集合とする.(2.1.88)–(2.1.91) を思い起こすと, $\mathcal{P}(X)$ は次の操作による代数的構造を持つ.

$$\text{補集合}: \quad A \mapsto X \setminus A \tag{4.1.1}$$

$$\text{合併}: (A, B) \mapsto A \cup B \tag{4.1.2}$$

$$\text{共通部分}: (A, B) \mapsto A \cap B := X \setminus (X \setminus A \cup X \setminus B) \tag{4.1.3}$$

$$\text{含意}: (A, B) \mapsto A \Rightarrow B := (X \setminus A) \cup B \tag{4.1.4}$$

また,任意の $A \in \mathcal{P}(X)$ に対して次の関係が成り立つ.

$$A \cup (X \setminus A) = X \tag{4.1.5}$$

$$A \cap (X \setminus A) = \emptyset \tag{4.1.6}$$

上記の関係により $\mathcal{P}(X)$ はブール代数となる(定義 2.1.11).ここで,共通部分 $\cap$ は論理記号「かつ」$\wedge$ に,合併 $\cup$ は論理記号「または」$\vee$ に,そして補集合 $\setminus$ は否定 $\neg$ に対応する.実際,次が成立する.

$$x \in A \cap B \quad \text{iff} \quad (x \in A) \wedge (x \in B) \tag{4.1.7}$$

$$x \in A \cup B \quad \text{iff} \quad (x \in A) \vee (x \in B) \tag{4.1.8}$$

$$x \in X \setminus A \quad \text{iff} \quad \neg(x \in A) \quad (\text{iff } x \notin A) \tag{4.1.9}$$

$\cap$, $\cup$, $\setminus$ の関係についての主張には,X の点を呼び出す必要はない.実際,$\mathcal{P}(X)$ の構造を基に以下で展開されるすべてのことは,点を関連させずにできる.この側面の体系的探索は点のないトポロジーとよばれる.("pointless topology",語呂合わせに注意!)

本節では,位相空間の概念を導入し調べる.それは $\mathcal{P}(X)$ の一部で,開部分集合とよばれる部分集合のなすクラスで定められる.そのクラスは,合併 $\cup$ と共通部分 $\cap$ に関する性質で特徴づけられるが,補集合操作 $\setminus$ は必要ない(下記の定理 4.1 参照).4.2 節では別の概念である可測空間を導入する.それは $\mathcal{P}(X)$ の一部で,可測集合とよばれる部分集合のなすクラスで

定められ，その特徴づけには補集合も関与する．

より一般的な概念で，それ自体興味深いと思われるものから始めよう．

定義 4.1.1 X が作用素 $\circ : \mathcal{P}(X) \to \mathcal{P}(X)$ であって次の性質を満たすものを持つとき，**前位相空間** (pretopological space) という．

(i) $X^\circ = X$
(ii) すべての $A \in \mathcal{P}(X)$ について $A^\circ \subset A$
(iii) すべての $A, B \in \mathcal{P}(X)$ について $A^\circ \cap B^\circ = (A \cap B)^\circ$

A° は A の**内部** (interior) とよばれる．$A = A^\circ$ であるとき A は**開集合** (open set) とよばれる．

$\mathcal{O}(X) \subset \mathcal{P}(X)$ は X の開集合の集まりである．

作用素 $\circ$ が上の条件に加えて次を満たすとき，X は**位相空間** (topological space) とよばれる．

(iv) すべての $A \in \mathcal{P}(X)$ について $A^{\circ\circ} = A^\circ$

したがって，位相空間では集合の内部は常に開集合である．

補題 4.1.1 前位相空間 X において，次が成立する．
$$A \subset B \text{ ならば } A^\circ \subset B^\circ \tag{4.1.10}$$

証明 $A \subset B$ のとき $A \cap B = A$ だから，
$$A^\circ = (A \cap B)^\circ = A^\circ \cap B^\circ \subset B^\circ$$

□

とくに，次を結論する．
$$(\emptyset)^\circ = \emptyset \tag{4.1.11}$$

したがって，$\emptyset$ 上の唯一の前位相は (4.1.11) となっているものである．1 元のみの集合 $X = \{1\}$ 上には，やはり唯一の前位相が存在する．というのも，$X^\circ = X$ となるからである．2 元集合 $X = \{1, 2\}$ 上では，$\{1\}^\circ$ を $\{1\}$ ま

たは $\emptyset$ とおくことができ，もう一つの 1 元集合 $\{2\}$ でも同じような選択ができる．したがって，全部で 4 種の異なる前位相がこの集合上に存在する．このような前位相はどれも位相でもある．3 元集合 $X = \{1, 2, 3\}$ 上では，$\{1, 2\}° = \{1\}$ かつ $\{1\}° = \emptyset$ とおける．この場合，この前位相は位相ではない．

補題 4.1.2 位相空間において，$A°$ は A の最大の開部分集合である．

証明 A' を A の開部分集合とする，すなわち $(A')° = A' \subset A$ とすると，補題 4.1.1 により $(A')° \subset A°$ となる．したがって，A の任意の開部分集合は $A°$ に含まれる． □

定理 4.1.1 位相空間 X は次の条件を満たす集まり $\mathcal{O}(X) \subset \mathcal{P}(X)$ で定まる．$\mathcal{O}(X)$ に属する部分集合は X の開部分集合とよばれる．

  (i) $X \in \mathcal{O}(X)$
  (ii) $\emptyset \in \mathcal{O}(X)$
  (iii) $A, B \in \mathcal{O}(X)$ について $A \cap B \in \mathcal{O}(X)$
  (iv) すべての族 $(A_i)_{i \in I} \subset \mathcal{O}(X)$ について $\bigcup_{i \in I} A_i \in \mathcal{O}(X)$

注意 もし $\bigcup_{i \in \emptyset} A_i = \emptyset$, $\bigcap_{i \in \emptyset} A_i = X$ という規約を採用し，有限の共通部分に対する条件 (iii) を要請するなら，最初の二つの条件は余分なものとなる．

証明 定義 4.1.1 の作用素 ° が与えられたとき，$A° = A$ となる集合は定理の条件を満たすことを示す必要がある．最初の三つの条件は定義における公理から明らかである．そこで，集合 A_i が $A_i° = A_i$ を満たすとする．$B = \bigcup_{i \in I} A_i$ について，すべての i で $A_i \subset B$ ゆえ，(4.1.10) により $A_i° \subset B°$ を得て，$B° \supset \bigcup_{i \in I} A_i° = \bigcup_{i \in I} A_i = B$ となり $B° = B$ を得る．これで定理の条件 (iv) が確かめられた．

逆に，定理のとおりの族 $\mathcal{O}(X)$ があるとき，A' を A に含まれる $\mathcal{O}(X)$ の最大の元とする．定義 4.1.1 の条件 (iii) については，$A' \cap B'$ は $A \cap B$ の開部分集合だから $A' \cap B' \subset (A \cap B)'$ は明らかである．逆に，$(A \cap B)'$ が

$A' \cap B'$ に含まれないとき,それは A' に含まれていないか,B' に含まれていないかのどちらかである.後者の場合,$(A' \cap B') \cup B'$ は B の開集合であり,B' より大きい.これは B' が B の最大の開部分集合であるという定義に矛盾する.

ここで読者は,なぜ定義 4.1.1 の条件 (iv) をまだ使っていないか,疑問に思うかもしれない.しかし,° を使って定義した集まり $\mathcal{O}(X)$ が,もとの位相となっているのを示すことがまだ残っている.そのためには,すべての $A \in \mathcal{P}(X)$ について $A' = A°$ を示す必要がある.$\mathcal{O}(X)$ が合併をとる操作で閉じているので,A' は A に含まれる $\mathcal{O}(X)$ のすべての元の合併である.さて定義 4.1.1 の条件 (iv) により,$A° \in \mathcal{O}(X)$ であり,$A° \subset A'$ となる.逆に,$A' \subset A$ で $\mathcal{O}(X)$ の定義により $(A')° = A'$ であるから,補題 4.1.1 により $A' \subset A°$ を得る.したがって,$A' = A°$ である. □

定理 4.1.1 の証明から,どの前位相も $A° = A$ である集合を開集合とする位相を定めることがわかる.もとの前位相が位相でない限り,$A°$ の形の集合がどれも開集合であるわけではない.

位相空間の開集合の集まり $\mathcal{O}(X)$ は,一般にはブール代数をなすわけではない.なぜなら開集合の補集合が開集合とは限らないからである.しかしながら,それはハイティング代数である.つまり,それは (2.1.41), (2.1.42), (2.1.43) を思い起こすと,次を意味する.まず,0 と 1 を持つ束とは,二つの結合的かつ可換な 2 項演算 $\wedge, \vee$ と特別な元 $0, 1$ を持つ半順序集合で,任意の元 a に対して次を満たすものである.

$$a \wedge a = a, \quad a \vee a = a \tag{4.1.12}$$

$$1 \wedge a = a, \quad 0 \vee a = a \tag{4.1.13}$$

$$a \wedge (b \vee a) = a = (a \wedge b) \vee a \tag{4.1.14}$$

0 と 1 を持つ束がハイティング代数であるのは,任意の元 a, b に対して,冪乗 b^a,すなわち (2.1.68) によると,

$$c \leq (a \Rightarrow b) \quad \text{iff} \quad c \wedge a \leq b \tag{4.1.15}$$

で特徴づけられる元 $a \Rightarrow b$ が存在するときである.$\mathcal{O}(X)$ で包含 $\subset$ を半順

序 $\leq$ とし，$\emptyset, X$ を $0, 1$ として，

$$U \Rightarrow V := \bigcup W \quad (\text{ここで } W \text{ は } W \cap U \subset V \text{ である開集合にわたる}) \tag{4.1.16}$$

とおくと，ハイティング代数となる．ここでのキーポイントは，圏 $\mathcal{O}(X)$ の内にいられるために，集合の補集合をその補集合の内部で置き換えることである．古典論理から直観主義的命題計算へ移行するときに，ブール代数をハイティング代数で置き換えることに注意する．その命題計算では，排中律，つまり命題とその否定命題の間の排他的相補性をあきらめることになる．この論点は 9.3 節で取り上げられるだろう．

補題 4.1.3 位相空間 X において，どのような部分集合の族 $(A_i)_{i \in I}$ についても次が成立する．

$$\Bigl(\bigcup_{i \in I} A_i\Bigr)^\circ = \bigcup_{i \in I} A_i^\circ \tag{4.1.17}$$

証明 これは定理 4.1.1 から従う．それは，位相空間においては，開集合の合併は開集合であることを意味する． $\square$

例

1. 集合 X について，$\mathcal{O} = \{\emptyset, X\}$ は位相空間の公理をすべて満たす最小の位相である．この位相は密着 (indiscrete) 位相とよばれる．
2. 集合 X について，$\mathcal{O} = \mathcal{P}(X)$ は位相空間の公理をすべて満たす最大の位相である．この位相は離散 (discrete) 位相とよばれる．
3. (X, d) を距離空間とする．$x \in X$, $r \geq 0$ について，$U(x, r) := \{y \in X : d(x, y) < r\}$ とおく．($U(x, 0) = \emptyset$, $\bigcup_{x \in X} U(x, r) = X$ ($\forall r > 0$) である．) 距離は X 上に，球 $U(x, r)$ の合併で得られる集合を開集合とする位相を誘導する．

    (a) $X = \mathbb{R}^d$ で d がユークリッドの距離のとき，ユークリッド空間の標準的位相が得られる．この位相は多くの異なる距離でも生成されることに注意する．たとえば，ノルム $\|.\|$ で生成される距離 $d(.,.)$ す

なわち $d(x,y) = \|x-y\|$ は，$\mathbb{R}^d$ 上に同じ位相を生成するという意味で，互いに同値である．

(b) 自明な距離 (2.1.51) により，離散位相が得られる．というのも，その場合には $0 < r < 1$ について球 $U(x,r)$ は 1 点集合 $\{x\}$ になるからである．したがって，どのような 1 点集合も開集合であり，任意の集合 U は属する点の 1 点集合の合併 $U = \bigcup_{x \in U} \{x\}$ であるから，U は開集合である．

4. $X = \mathbb{R}$ とする．$\mathcal{O}$ を $\emptyset$, X とあらゆる開区間 (ξ, ∞) $(\xi \in \mathbb{R})$ からなるとして位相ができる．

5. X は無限個の点を含むとする．$\mathcal{O}$ を $\emptyset$ とあらゆる有限集合の補集合からなるものを考える．この位相は余有限 (cofinite) 位相とよばれる．

6. ベクトル空間 V に対して，$\mathcal{O}$ をあらゆる有限個のアフィン線形部分空間の補集合からなるとして位相ができる．

これらの例は，次の定義を用いてより体系的に見ることができる．

定義 4.1.2 $\mathcal{B} \subset \mathcal{O}(X)$ は，任意の $U \in \mathcal{O}(X)$ が $\mathcal{B}$ の元の合併として書けるときに，位相 $\mathcal{O}(X)$ の**基底** (basis)[1] とよばれる．

上記の例では，次の基底が認められる．1 では $\{X\}$, 2 では $\{\{x\}, x \in X\}$, 3 では $x \in X$ と r を有理数とする球 $U(x,r)$ (三角不等式を用いて，有限個の球の共通部分が属する点を中心とする球の合併として表示できることを確かめよ)，4 では有理数の ξ についての区間 (ξ, ∞) である．

この概念を使い，自然に次の例がある．

7. $(X, \mathcal{O}(X))$, $(Y, \mathcal{O}(Y))$ を位相空間とする．すると積 $X \times Y = \{(x,y) : x \in X, y \in Y\}$ に，集合 $U \times V$ ($U \in \mathcal{O}(X)$, $V \in \mathcal{O}(Y)$) を基底とする位相 $\mathcal{O}(X \times Y)$ を与えることができる．$X \times Y$ 上のこの位相は積位相とよばれる．

次を満たす $\mathcal{B} \subset \mathcal{P}(X)$ からスタートして，

---

[1] [66] においては basis の代わりに base とよばれていた．

(i)
$$\bigcup_{B \in \mathcal{B}} B = X \tag{4.1.18}$$

(ii) $B_1, B_2 \in \mathcal{B}$, $x \in B_1 \cap B_2$ について

$$x \in B_0 \subset B_1 \cap B_2 \text{ であるような } B_0 \in \mathcal{B} \text{ が存在する} \tag{4.1.19}$$

$\mathcal{O}$ を $\mathcal{B}$ の元の合併すべてからなるものとする．これは $\mathcal{B}$ を基底とする位相を定める．

$\mathcal{B} \subset \mathcal{P}(X)$ が (4.1.19) を満たさないとき，X 上の位相の基底であるとは限らない．たとえば，$X = \{-1, 0, 1\}$ をとり，$B_1 = \{-1, 0\}$, $B_2 = \{0, 1\}$ とおく．すると $\{B_1, B_2\}$ はどのような位相の基底でもあり得ない．というのも，$\{0\} = B_1 \cap B_2$ を合併で再現できないからである．

この欠陥をはっきりさせるために，次の定義をしよう．

定義 4.1.3 $\mathcal{S} \subset \mathcal{O}(X)$ は，任意の $U \in \mathcal{O}(X)$ が $\mathcal{S}$ の有限個の元の共通部分の形をした集合の合併として表せるとき，位相 $\mathcal{O}(X)$ に対する**準基底** (subbasis) とよばれる．

直前の例とは対照的に，今度は任意の $\mathcal{S} \subset \mathcal{P}(X)$ を選べる．すると，$\mathcal{S}$ の有限個の元の共通部分の形をした集合の合併として表せる集合の集まり $\mathcal{O}$ は X に $\mathcal{S}$ を準基底とする位相を定める．これを $\mathcal{S}$ が位相 $\mathcal{O}$ を**生成する** (generate) という．

また次が成り立つ．

補題 4.1.4 $\mathcal{B} \subset \mathcal{O}(X)$ が位相 $\mathcal{O}(X)$ の基底であるための必要十分条件は，すべての $U \in \mathcal{O}(X)$ とすべての $x \in U$ について，$V \in \mathcal{B}$ であって $x \in V \subset U$ を満たすものが存在することである．

証明 $\mathcal{B}$ を基底とする．$x \in U \in \mathcal{O}(X)$ のとき，U が $\mathcal{B}$ の元の合併だから，ある $V \in \mathcal{B}$ で $x \in V \subset U$ なるものが存在しなければならない．逆に，$U \in \mathcal{O}(X)$ をとり，$V \in \mathcal{B}$ で $V \subset U$ となっているものすべての合併を W とおく．すると，$W \subset U$ である．しかし，$x \in U$ のとき仮定から $V \in \mathcal{B}$

であって $x \in V \subset U$ を満たすものが存在する.だから,$U \subset W$ となり,$U = W$ を得る.したがって,すべての開集合は $\mathcal{B}$ の元の合併である. □

定義 4.1.4 元 x を含む開集合は x の(**開**)**近傍**((open) neighborhood)とよばれる.

定義 4.1.5 $\mathcal{U} \subset \mathcal{O}(X) \setminus \{\emptyset\}$ は,$\bigcup_{U \in \mathcal{U}} U = X$ であるとき,位相空間 X の**開被覆** (open covering) とよばれる.

次は解析の最も重要な概念の一つであるが,本書では探求されない.

定義 4.1.6 位相空間 $(X, \mathcal{O}(X))$ の部分集合 K は,すべての K の開被覆 $\mathcal{U}$,つまり $K \subset \bigcup_{U \in \mathcal{U}} U$ なるものが有限部分被覆を持つとき,**コンパクト** (compact) とよばれる.有限部分被覆とは,有限個の $U_1, \ldots, U_m \in \mathcal{U}$ が存在して

$$K \subset \bigcup_{j=1,\ldots,m} U_j \tag{4.1.20}$$

となることを意味する.位相空間 $(X, \mathcal{O}(X))$ は,すべての $x \in X$ がコンパクトな部分集合 $K \subset X$ で x の開近傍 U を含むとき,つまり $x \in U \subset K$ となるとき,**局所コンパクト** (locally compact) であるとよばれる.

次に,いかにして位相が集合からその部分集合に移行されるかを記す.

定義 4.1.7 $(X, \mathcal{O}(X))$ を位相空間とする.$Y \subset X$ の上に $\mathcal{O}(Y) := \{U \cap Y, U \in \mathcal{O}(X)\}$ で定義される位相は Y 上の**誘導位相** (induced topology) とよばれる.

位相構造は集合における局所化という構成法のための装置,または局所化の枠組みと考えられる.その意味で,このような局所化の概念が,元から構成されている集合の概念と両立するだろうかという疑問が自然にわいてくる.開集合とは集合に含まれる点を囲うものとして考えられた.このような両立性は次の定義で表現される.

定義 4.1.8 位相空間 $(X, \mathcal{O}(X))$ は,どの2点 $x_1 \neq x_2 \in X$ に対しても,開集合 U_1, U_2 $(x_1 \in U_1, x_2 \in U_2)$ で交わりのない,すなわち $U_1 \cap U_2 = \emptyset$

であるものが存在するとき，**ハウスドルフ空間** (Hausdorff space) とよばれる．

したがって，ハウスドルフ空間では，異なる 2 点はそれぞれ互いに交わらない開近傍を持つ．

しかしながら，例 4, 5, 6 の位相はハウスドルフ性を満たさないことに注意しよう．

開集合の言葉で位相を定義する代わりに，開集合の補集合，いわゆる**閉集合** (closed set) の言葉で位相を定義できる．同様に，前位相は内部作用素の代わりに**閉包作用素** (closure operator) により定義できる．今度はそれを記そう．

定義 4.1.9 前位相空間 X の部分集合 A の**閉包** (closure) $\overline{A}$ とは，その補集合の内部の補集合 $\overline{A} = X \setminus (X \setminus A)^\circ$ のことである．$\overline{A} = A$ であるとき，また同値なことだが $X \setminus A$ が開集合であるとき，A は**閉** (closed) 集合といわれる．

例 5, 6 はもっと簡単に，有限部分集合，あるいはアフィン線形部分空間がちょうど閉集合である位相ということができる．

定義 4.1.9 を基に，（前）位相空間の同値な定義がクラトフスキー (Kuratowski) 閉包作用素の言葉で与えられる．

定理 4.1.2 X に次の条件を満たす閉包作用素 ¯ が与えられるとき，X は前位相空間である．

 (i) $\overline{\emptyset} = \emptyset$
 (ii) すべての $A \in \mathcal{P}(X)$ について $A \subset \overline{A}$
 (iii) すべての $A, B \in \mathcal{P}(X)$ について $\overline{A \cup B} = \overline{A} \cup \overline{B}$

閉包作用素がさらに次の条件を満たすとき，X は位相空間である．

 (iv) すべての $A \in \mathcal{P}(X)$ について $\overline{\overline{A}} = \overline{A}$

ある解釈では，$\overline{A}$ は A からある操作で到達可能な X の部分である．すると最初の性質は，無からはどこにも到達できないということをいっている．

第 2 の性質がいうことは，すべての出発点に到達できる，すなわち，その操作で何も失われないということである．第 3 の性質がいうことは，出発する集合の合併からは，それぞれの集合から到達できるところを組み合わせた以上にはならないということである．最後に条件 (iv) は，到達できる点には 1 回の操作ですでに到達できるということをいう．言い換えると，回を重ねてますます到達できるところが増えるならば，その閉包操作は位相構造に由来するものではない．たとえば，グラフ Γ において，頂点集合の閉包をその集合と頂点の隣接点全部との合併と定義できる．すると，どの頂点も 1 回のステップで互いに到達できる場合を除き，つまり完全グラフの場合を除き，閉包作用素は条件 (iv) を満たさない．同じ構成は有向グラフでも可能で，閉包作用素はもとの頂点集合の元に加え，隣接点にも到達する．そこで，Γ を有向グラフとする．$x \in \Gamma$ から y に向かう辺が存在するとき，y は x の（進行方向の）隣接点とよばれる．各 $x \in \Gamma$ に対して，($\overline{\{x\}}$ を略して）$\overline{x}$ を x とその隣接点からなる集合とし，$A \subset \Gamma$ に対して，

$$\overline{A} := \bigcup_{x \in A} \overline{x} \tag{4.1.21}$$

とおく．すると，これは閉包作用素であり，したがって前位相を定める．逆に，上記のような閉包作用素を持つ前位相空間が与えられると，有向グラフであって各 x を $\overline{\{x\}}$ のすべての元と結んだものが構成できる．

閉包作用素の別の重要な例が力学系から生じる．たとえば，

$$\dot{x}(t) = F(x(t)) \quad (x \in \mathbb{R}^d,\ t > 0) \tag{4.1.22}$$

$$x(0) = x_0 \tag{4.1.23}$$

を十分正則な，たとえば一様リプシッツ連続[2]である F について考えると，(4.1.23) を初期値として，すべての $t \geq 0$ についての (4.1.22) の一意的な解の存在をピカール–リンデレフの定理は示す．したがって，(4.1.22) は定義 2.5.1 の特別な場合となっている．$A \subset \mathbb{R}^d$ に対して

---

[2] これは，定数 $K < \infty$ であって $|F(x) - F(y)| \leq K|x - y|$ $(\forall x, y \in \mathbb{R}^d)$ を満たすものが存在することを意味する．

$$\overline{A}^T := \{x(t),\ 0 \leq t \leq T\}$$
$$\text{ここで } x(t) \text{ は } x(0) \in A \text{ である (4.1.22) の解} \quad (4.1.24)$$

とおく．各 $T > 0$ について，これは閉包作用素を定義する．すると閉集合は力学系 (4.1.22) の前方不変集合であることを意味する．すなわち，$B \subset \mathbb{R}^d$ であって，$x(0) \in B$ ならすべての $t \geq 0$ について $x(t) \in B$ となるものである．これは $T > 0$ の選び方によらないことに注意する．それは次の半群の性質からただちに従う．

$$x(t_1 + t_2) = y(t_2)$$
$$\text{ここで } y(t) \text{ は } y(0) = x(t_1) \text{ である (4.1.22) の解} \quad (4.1.25)$$

この閉包作用素に関して閉じている集合が $\mathbb{R}^d$ の標準位相に関して閉じているとは限らない．たとえば，$F(x) = -x$ について，$\mathbb{R}^d$ 上のユークリッド距離に関するどんな開球 $U(0, r)$ も上記の力学系に関して閉じている．

無限小閉包作用素

$$\overline{A} := \bigcap_{T > 0} \overline{A}^T \qquad (4.1.26)$$

を定義することもできる．いずれにせよ，これらの例を見ると，「前位相空間」という名前はそれほど幸運でもないようだ．位相の概念は静的である一方，前位相の概念は力学系的あるいは操作的な内容を持ち，ゆえにその主眼は位相のそれとはかなり異なる．

　前位相空間あるいは位相空間を圏の対象と考えたいならば，対応する射を定める必要がある．それがいまからすることである．（異なるレベルの圏を扱うことを思い起こすのはためになる．位相空間はそれ自体が，開集合を対象として包含を射とする圏となる．そしていまは，対象が（前）位相空間である，より高次のレベルの圏に関心がある．）

定義 4.1.10 前位相空間の間の写像 $f : X \to Y$ が，Y の任意の部分集合について次を満たすとき**連続** (continuous) であるという．

$$f^{-1}(A^\circ) \subset \left(f^{-1}(A)\right)^\circ \qquad (4.1.27)$$

(ここで X と Y の空間両方に対する開核作用素を同じ記号 ° で記した.)

前位相空間の恒等写像 1_X が連続であること,連続写像の合成が連続であることは明らかである.したがって,連続写像を射とする前位相空間と位相空間の圏 **Pretop** と **Top** を得る.

補題 4.1.5 前位相空間の間の写像 $f: X \to Y$ が連続であるための必要十分条件は,X の任意の部分集合について次が成り立つことである.

$$f(\overline{B}) \subset \overline{f(B)} \tag{4.1.28}$$

証明 読者がただちに確かめられるとおり,定義から直接に従う. □

補題 4.1.6 位相空間の間の写像 $f: X \to Y$ が連続であるための必要十分条件は,Y の任意の部分集合の逆像 $f^{-1}(A)$ が X の開部分集合となることである.

証明 $A \subset Y$ が開集合であるとき $f^{-1}(A)$ が開集合であることを示す必要がある.このとき $A° = A$ だから,$f^{-1}(A°) = f^{-1}(A)$ である.f が連続なら,$f^{-1}(A) \subset f^{-1}(A)°$ となり,この二つの集合は等しいことを示す.したがって,$f^{-1}(A)$ は確かに開集合である. □

例 (前述の位相空間の例と同じ番号づけをする.)

1. 集合 X の密着位相について,$(Y, \mathcal{O}')$ を任意の位相空間とするとき,任意の写像 $f: Y \to X$ は連続である.実のところ,この事実が密着位相を特徴づける.逆に,密着位相について,$g: X \to Y$ をハウスドルフ空間への連続写像とすると,g は定数写像である.

2. X の離散位相について,任意の位相空間 $(Y, \mathcal{O}')$ への写像は連続であり,これが離散位相を特徴づける.

3. 距離空間の間の連続写像 $f: (X, d) \to (Y, d')$ は次の性質で特徴づけられる.すなわち,すべての $x \in X$ と $\epsilon > 0$ について,ある $\delta > 0$ であって $f(U(x, \delta)) \subset U(f(x), \epsilon)$ であるものが存在する.(この例は連続性の概念が,微分積分学で出合った ϵ-δ 判定法とどのように関係してい

るかを説明する.)
 4. 関数 $f : (X, \mathcal{O}) \to \mathbb{R}$ は,すべての $x \in X$ と $\epsilon > 0$ について,ある $U \in \mathcal{O}$ であって $x \in U$ であり,かつ次の性質を満たすものが存在するとき,下半連続であるといわれる.

$$f(y) > f(x) - \epsilon \quad (y \in U) \tag{4.1.29}$$

この下半連続関数は,開集合が $\emptyset, X$ とすべての区間 (ξ, ∞) $(\xi \in \mathbb{R})$ である $\mathbb{R}$ の位相に関して連続な $(X, \mathcal{O})$ 上の関数である.
 5. 余有限な位相空間の間の写像は,各点の逆像が有限であるとき,連続である.
 6. ベクトル空間 V, W とアフィン線形部分空間の補集合からなる位相に関して,連続写像はアフィン線形な写像である.

定義 4.1.11 位相空間の間の全単射 $f : X \to Y$ について,f と逆写像 f^{-1} がともに連続であるとき,f は**同相写像** (homeomorphism) という.

さて,位相空間 $(X, \mathcal{O}(X))$ から $\mathbb{R}$ への連続写像の全体 $C(X)$ を考える.($\mathbb{R}$ には標準位相で考えるが,後での構成法は $\mathbb{R}$ の位相の選び方にはよらない.)$\mathbb{R}$ は $+$ と $\cdot$ の操作で体の構造を持つ.したがって,$\mathbb{R}$ 値関数を加えたり掛け合わせることができ,$C(X)$ に環の構造が得られる.するとなぜ $C(X)$ は環であるのみで,体でないのだろうか.その理由は,値 0 をとる関数による割り算ができないことにある.体では,割ることができない唯一の元は 0 である.$C(X)$ においては,この元はもちろん恒等的に 0 である関数である.実際,$C(X)$ は代数でもある.というのは,スカラー $\lambda \in \mathbb{R}$ を関数に掛けることができるからである.この構成は $\mathbb{R}$ のみでなく,任意の体に値を取る関数にも適用される.とくに,$\mathbb{R}$ の代わりに複素数 $\mathbb{C}$ をスカラーにとれる.

位相空間の間の連続写像 $f : X \to Y$ があると,それは反変的な環(または代数)準同型を誘導する.

$$f^* : C(Y) \to C(X)$$
$$\phi \mapsto \phi \circ f \tag{4.1.30}$$

位相空間についての定評のある参考書は [66, 95] である．解析学とのつながりは [2] によく説明してある．前位相空間については，この分野の基本的教科書である [23] を参照する．前位相空間についての最近の寄与に関しては，[105, 106, 107] とそこでの文献を参照せよ．さて，それらの論文で展開されたいくつかの応用について記そう．

長さ n のあらゆる 2 進列，すなわち，$x_i \in \{0,1\}$ として $(x_1,\ldots,x_n)$ という形の対象の集合を考える．ちょうど一か所のみ異なる，すなわち 1 点のみでの改変で得られる（あるいは互いにハミング距離が 1 である（(2.1.53) 参照）といっても同値である）二つの列を（線で）結ぶと，この構造を表現するグラフである n 次元の超立体 W_n を得る．各 $x \in W_n$ に対して，$\overline{x}$ を W_n におけるその隣接点の集合とする．この構成は，もちろん 2 進法の $\{0,1\}$ の代わりに任意のアルファベット L の元を並べた列のなす別の集合に適用できる．たとえば，4 文字 A, T, C, G からなる遺伝子配列を考えることができる．このやり方で，点突然変異という生物学的概念を表現する前位相を得る．

もう一つの重要な生物学的操作は交差による組み換えである．ここでも，2 進数の代わりに任意のアルファベットに置き換えても，数学的内容を実質的な変更なしに展開できる．対等な交差を考えよう．すなわち，二つの長さ n の 2 進列 $x = (x_1,\ldots,x_n)$, $y = (y_1,\ldots,y_n)$ に対して可能な組み換え $R(x,y)$ とは，$k, l = 1,\ldots,n$ についての次の列である．

$$(x_1,\ldots,x_k, y_{k+1},\ldots,y_n) \text{ および } (y_1,\ldots,y_l, x_{l+1},\ldots,x_n) \tag{4.1.31}$$

すると次が成り立つ．

1.
$$R(x,x) = \{x\}$$

2.
$$R(x,y) = R(y,x)$$

3.
$$\{x,y\} \subset R(x,y)$$

しかしながら，次は一般には成り立たない．
$$z \in R(x,y) \text{ のとき } R(x,z) \subset R(x,y)$$

たとえば，$x = (0000)$, $y = (1111)$ に対して，$z = (0011) \in R(x,y)$ で $w = (0010) \in R(x,z)$ だが，$w \notin R(x,y)$ である．したがって，ギッチョフ–ワグナー [41] によると，A の閉包を

$$A^1 := \bigcup_{x,y \in A} R(x,y) \tag{4.1.32}$$

と定義したとしても，位相空間の条件 (iv) は満たされない．しかし，与えられた列から出発して組み換えを繰り返して得られるすべてのものの合併を考えることにより，その欠点は直される．そこで，二つの列 x, y から出発してこのような繰り返しにより，各 u_i が独立に x_i または y_i であるようなあらゆる列 $(u_1, \ldots, u_n)$ が生成される．したがって，たとえば組み換えの繰り返しにより，$x = (0000)$ と $y = (1111)$ から長さ 4 のどのような列も生成できる．形式的に，

$$A^n := \bigcup_{x,y \in A^{n-1}} R(x,y) \quad (n \geq 2) \quad \text{および}$$

$$\overline{A} := \bigcup_{n \in \mathbb{N}} A^n \tag{4.1.33}$$

とおく．するとこれは条件 (iv) を満たす．しかしながら (4.1.32) も (4.1.33) もクラトフスキー閉包作用素についての条件 (iii) は満たさない．(iv) の性質に比して，この欠点は組み換えの繰り返しの合併を見ているだけでは直せない．したがって組み換えは，前位相より一般的な構造を 2 進列に導く．条件 (iii) の不成立は性に関する組み換えのある母集団において，遺伝的多様性の優位性を示す．一般に，二つの遺伝子のプールを合わせたものからは，それらが孤立しているときよりもずっと多くのゲノムを組み換えにより生成できる．

4.2 σ代数

さて性質を定義するのに補集合操作を取り込んでいる集合系のクラスを導入しよう．それにはいくつかの動機づけがある．4.4節で測度を導入するとき，部分集合 $A \subset X$ の測度と補集合 $X \setminus A$ の測度を足し合わせると X の測度になる性質が成り立ってほしい．とくに，A が可測であるなら，その補集合の測度も測りたい．より概念的にいうと，たとえば観察したり測定をするときに，代替物の言葉でも考えたい．その例として，スカラー的観察をするとき，つまり点 $x \in X$ において関数 $f : X \to \mathbb{R}$ の値を評価するとき，ある特定の値 $a \in \mathbb{R}$ について「$f(x) > a$ であるか」という問いを立てるかもしれない．すると，二つの互いに補集合となっている部分集合 $\{x \in X : f(x) > a\}$ と $\{x \in X : f(x) \leq a\}$ が，問いに対する yes か no の二つの回答を表現する．このような理由で，補集合をとる操作で閉じていて，いま議論した問題に関連する他の性質をも満たすような部分集合のクラスを扱いたい．

定義 4.2.1 X を集合とする．X の部分集合の **σ代数** (σ-algebra) とは，$\mathcal{P}(X)$ の部分集合 $\mathcal{B}$ で次の条件を満たすものである．

 (i) $X \in \mathcal{B}$
 (ii) $B \in \mathcal{B}$ ならば，$X \setminus B \in \mathcal{B}$ である．
 (iii) すべての $n \in \mathbb{N}$ について $B_n \in \mathcal{B}$ ならば，$\bigcup_{n \in \mathbb{N}} B_n \in \mathcal{B}$ である．

このとき，$(X, \mathcal{B})$ は**可測空間** (measurable space) とよばれる．

これらの性質は次を導く．

 (iv) $\emptyset \in \mathcal{B}$
 (v) $B_1, \ldots, B_m \in \mathcal{B}$ ならば，$\bigcap_{j=1}^{m} B_j \in \mathcal{B}$ である．

したがって，$X = \{0, 1\}$ には，$\mathcal{B} = \{\emptyset, X\}$ である σ代数と，$\mathcal{B} = \{\emptyset, \{0\}, \{1\}, X\}$ である σ代数の二つが存在する．

σ代数を得るには，X の部分集合のどのような集まりからも出発できて，それを補集合操作と可算な合併で閉じさせる．X が位相空間であるとき，

したがって X のすべての開集合を含む最小の σ 代数をとることができる．この σ 代数に属する集合はボレル (Borel) 集合とよばれる．

しかしいまのところは，完全にブール代数である $\mathcal{P}(X)$ を単純に採用したいと思うのが自然であろう．$\mathcal{P}(X)$ でなくて，より小さな σ 代数を用いる重要な理由は，σ 代数が大きすぎると 4.4 節の測度の定義 4.4.1 に要求される性質を満足させるのが厳しくなる点にある．σ 代数が，観察に基づき判別される区別を説明する道具である，そのもう一つの理由は以下で詳しく分析されることになる．

可測空間の圏（の対象）を定義したので，その射も容易に同定できる．

定義 4.2.2 可測空間の間の写像 $T : (X, \mathcal{B}(X)) \to (Y, \mathcal{B}(Y))$ は，すべての $A \in \mathcal{B}(Y)$ に対して，$T^{-1}(A) \in \mathcal{B}(X)$ であるとき，**可測** (measurable) であるといわれる．

位相空間の間の連続写像はボレル測度に対して常に可測である．なぜなら，開集合の逆像は開集合なので，ボレル集合の逆像もボレル集合であるからだ．

逆に，可測空間 $(Y, \mathcal{B})$ と写像 $f : X \to Y$ が与えられると，X には $A \in \mathcal{B}$ に対する集合 $f^{-1}(A)$ すべてからなる σ 代数 $f^*\mathcal{B}$ が備えられる．このような σ 代数はとても小さいかもしれない．とくに，f で同じ値をとる点を区別できない．

この問題を詳しく考え，観測可能量の言葉で σ 代数の解釈を考えてみよう．最も基本的な場合，ある性質 p を X の元で確かめるため，x がその性質に当てはまるなら $p(x) = 1$ で，そうでなければ $p(x) = 0$ とする．すると X 上の σ 代数 $\mathcal{B}$ を次の二つの集合から得られる．

$$A := p^{-1}(1) = \{x \in X;\ p(x) = 1\} \text{ と}$$
$$X \setminus A = p^{-1}(0) = \{x \in X;\ p(x) = 0\} \quad (4.2.1)$$

X のすべての元が性質 p を満たす，または満たさないかもしれない．その場合，$\mathcal{B}$ は X 自身と $\emptyset$ からなる自明な σ 代数である．そうでなければ，4 個の元を得る．

$$\mathcal{B} = \{A, X \setminus A, X, \emptyset\} \tag{4.2.2}$$

この σ 代数 $\mathcal{B}$ はわれわれの観察に基づく可能なすべての区別を表現する．すなわち，x が X に属するという自明な観察と，それが性質 p を持つという観察である．

このような観察可能な複数の性質 $p_1, \ldots, p_n$ があるときは，対応する集合 $A_j := p_j^{-1}(1)$ とその補集合を $j = 1, \ldots, n$ に対して得て，共通部分と合併をとることにより，対応する σ 代数 $\mathcal{B}_n$ を生成できる．これは単に，観察を組み合わせた区別が可能だということを表している．たとえば，$A_1 \cap (X \setminus A_2)$ は p_1 を満たすが p_2 は満たさない元の集合であり，$A_2 \cup A_3$ は p_2 または p_3 を満たす点を含んでいる．とくに，もし集合 X がわれわれにとり不明瞭で，性質 p_j を確認する観察のみを遂行できるならば，σ 代数 $\mathcal{B}_n$ は X の点を性質 $p_1, \ldots, p_n$ に関する観察を基に区別するわれわれの知識と能力を反映する．追加の観察をすると，われわれの知識や識別能力が増すので，σ 代数は拡大する．より詳しくいうと，新たな性質 p_{n+1} は，σ 代数 $\mathcal{B}_{n+1}$ が $\mathcal{B}_n$ より真に大きいときに，性質 $p_1, \ldots, p_n$ から独立であると定義することができる．

数値の計測ができるとき，つまり関数 $f : X \to \mathbb{R}$ があるとき，集合

$$f^{-1}\{f > a\} = \{x \in X : f(x) > a\} \quad (a \in \mathbb{R}) \tag{4.2.3}$$

で生成される σ 代数 $\mathcal{F}$ を得る．各 $a \in \mathbb{R}$ に対して，$f(x) > a$ であるか否かの 2 値的区別ができる．他には，$\mathcal{F}$ を

$$f^{-1}\{f = a\} = \{x \in X : f(x) = a\} \quad (a \in \mathbb{R}) \tag{4.2.4}$$

で生成させると，$f(x_1) \neq f(x_2)$ なる点 x_1, x_2 を区別できるが，同じ f の値をとる点の間を区別することはできない．

σ 代数 $\mathcal{B}$ はまた，$x_1 \in A \Leftrightarrow x_2 \in A$ $(A \in \mathcal{B})$ であるちょうどそのときに，x_1, x_2 が同値であるような同値関係を定めることができる．

ここでも，さらに複数の計測 $f_1, \ldots, f_n$ を遂行できると，得られる σ 代数がより大きくなるにつれ（あるいは同値なことだが，この σ 代数が定める同値類がより小さくなるにつれ）さらに区別ができる．適切に選んだ m

個の計測により，各点 $x \in X$ を一意的に同定できるということが起きるかもしれない．実際，位相空間 X の各点 x に，開近傍 U と連続関数 $f_1, \ldots, f_m$ であって，すべての $y \in U$ に対し，得られる U 上の σ 代数が 1 元集合 $\{y\}$ を含むようなものが存在する最小の m を，X の次元とする定義を試みることができるだろう．ここで，関数は近傍 U に依存し得るが，点 x 自身にはよらない．このような有限の m が存在しないとき，X の次元は無限であると定める．これがきわめて自然に見える一方，このアプローチにまつわる技術的困難がある．それは最終的には克服できるが，ここではその詳細には立ち入らない．たとえば，[36] 参照．後の 5.3 節では，より制限されたクラスの空間である微分可能多様体を考察する．それに対しては次元の定義は容易である．

4.3 集合系

本節では位相と σ 代数についてのより抽象的で統一的な視点を圏論の概念を用いて展開する．ハイティング代数 $\mathcal{O}$ と σ 代数 $\mathcal{B}$ の両方とも，合併 $\cup$，共通部分 $\cap$ と部分集合の補集合 $\setminus$ の操作により定義されている．これらの操作は写像 $f: X \to Y$ の下で自然には振る舞わない．実際，

$$f(A \cap B) \subset f(A) \cap f(B) \tag{4.3.1}$$

で，f が単射でないときは，真の包含関係となり得る．同様に，一般には

$$f(X \setminus A) \neq f(X) \setminus f(A) \subset Y \setminus f(A) \tag{4.3.2}$$

である．f が全射でないときは，右辺の方が真に大きくなり得るが，単射でない f については左辺が大きいことがあり得る．この現象は次の図式から明らかであろう．

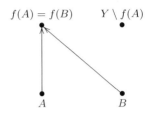

しかしながら注目すべきは，f^{-1} を適用するとブール代数 $\mathcal{P}$ の準同型写像が得られることである．実際

$$f^{-1}(V \cap W) = f^{-1}(V) \cap f^{-1}(W) \tag{4.3.3}$$

と

$$f^{-1}(V \cup W) = f^{-1}(V) \cup f^{-1}(W) \tag{4.3.4}$$

それに

$$f^{-1}(W \setminus V) = f^{-1}(W) \setminus f^{-1}(V) \tag{4.3.5}$$

が成り立つ．さらに，集まり $(A_i)_{i \in I} \subset \mathcal{P}(Y)$ についてより一般の関係

$$f^{-1}\left(\bigcap_{i \in I} A_i\right) = \bigcap_{i \in I} f^{-1}(A_i), \quad f^{-1}\left(\bigcup_{i \in I} A_i\right) = \bigcup_{i \in I} f^{-1}(A_i) \tag{4.3.6}$$

も成り立つ．これらの関係式は次の基礎的事実

$$x \in f^{-1}(A) \iff f(x) \in A \tag{4.3.7}$$

と関係 (4.1.7)–(4.1.9) から容易に確かめられる．読者の注意力を維持するために，喜んでこれを読者への単純な演習問題として残しておく．

ここで，この反変性を表示するするために

$$f^*(V) := f^{-1}(V) \quad (V \subset Y) \tag{4.3.8}$$

と関手を定義する．

射 $f^* : \mathcal{P}(Y) \to \mathcal{P}(X)$ は，当然そうであるべきように包含 $\subset$ の半順序を保つ．これは単に次を意味する．

$$V \subset W \implies f^*(V) \subset f^*(W) \tag{4.3.9}$$

実際には，このような射 $F: \mathcal{P}(Y) \to \mathcal{P}(X)$ は写像 $f: X \to Y$ を導く．単純に

$$f(x) := y \quad (x \in F(\{y\})) \tag{4.3.10}$$

とおけばよい．$y_1 \neq y_2$ ならば $\{y_1\} \cap \{y_2\} = \emptyset$ ゆえ，$F(\{y_1\}) \cap F(\{y_2\}) = \emptyset$ となるから，定義 (4.3.10) ではあいまいさは生じない．

次に，位相の開集合族 $\mathcal{O}$ の場合のハイティング代数や σ 代数 $\mathcal{B}$ のような，$\mathcal{P}$ の部分族にまで，以上の内容がどの程度成り立つかを確かめてみよう．

定義 4.3.1 集合 X 上の**集合系** (set system) $\mathcal{S}$ とは $\mathcal{P}(X)$ の部分集合で，(無限個かもしれない) 集合の合併，共通部分，補集合をとる操作のみにかかわる操作で閉じているもののことである．

$\mathcal{G} \subset \mathcal{P}(X)$ について，どの $\mathcal{S}$ の元も $\mathcal{S}$ を定義する際の操作により $\mathcal{G}$ の元から得られるとき，$\mathcal{G}$ は集合系 $\mathcal{S}$ の**準基底** (subbasis) である，あるいは $\mathcal{S}$ を**生成する** (generate) という．

たとえば，集合系 $\mathcal{O}(X)$ は $\cup$ と $\cap$ という操作の言葉で定義されている (定理 4.1.1 参照)．σ 代数の定義は補集合操作 $\setminus$ も関係するが，三つの操作のうち二つで十分である．というのは，たとえば $\cap$ は $\cup$ と $\setminus$ で表示できるからである ((4.1.3) 参照)．

以上の考察，より詳しくは関係 (4.3.3)–(4.3.6) は次を導く．

補題 4.3.1 $\mathcal{S}(Y)$ を Y 上の集合系で，$f: X \to Y$ を写像とする．すると，f^* は集合系の射を導く．これは，$f^*\mathcal{S}(Y) = f^{-1}\mathcal{S}(Y)$ は $\mathcal{S}(Y)$ と同じ型であること，つまり $\mathcal{S}(Y)$ と同種の操作により定義される X 上の集合系であることを意味する．

とくに，$\mathcal{O}(Y)$ が Y の位相を定義するとき，$f^*\mathcal{O}(Y)$ は X 上の位相を定め，$\mathcal{B}(Y)$ が Y 上の σ 代数を定義するとき，$f^*\mathcal{B}(Y)$ は X 上の σ 代数を定める．

すると，$\mathcal{P}$ の場合と同様に，射 $F: \mathcal{S}(Y) \to \mathcal{S}(X)$ が写像 $f: X \to Y$ を定めるかを問うてもよい．実は，Y の点を分離するという意味で $\mathcal{S}(Y)$ がハウスドルフであることを要請する必要がある．さもないと，このような射は必ずしも写像（すなわち X と Y の点の間の関係で，どの X の点にも Y のちょうど 1 点が関係するようなもの）を定めない．たとえば，もし Y が密着位相を持てば，$F(Y) = X$ と $F(\emptyset) = \emptyset$ という関係のみが得られて写像を定めるには十分でない．$\mathcal{S}(Y)$ がハウスドルフであることは，$p \neq q$ に対して，$U, V \in \mathcal{S}(Y)$ であって $U \cap V = \emptyset$, $p \in U$, $q \in V$ であるものが存在することを意味する．すると $F(U) \cap F(V) = \emptyset$ である．この意味で，（8.2 節で定義される）余極限として

$$F(p) := \varinjlim_{x \in U} F(U) \tag{4.3.11}$$

を定義すると，この余極限が空でない Y のすべての点に対して異なる逆像の点を対応させられる．他方，射 F は $F(Y) = X$ を満たすから，X のすべての点はそのような逆像として現れる．したがって，F は写像 $f: X \to Y$ を定義する．

補題 4.3.2 この写像 f は集合系 $\mathcal{S}$ の構造を保つ．たとえば，$\mathcal{S} = \mathcal{O}$ が位相を定めるならば f は連続であり，$\mathcal{S} = \mathcal{B}$ が σ 代数ならば f は可測である．

ここで補題 4.1.6 で確立した連続性の特徴づけを参照されたい．

これを次の図式で表すこともできる．

$$\begin{array}{ccc} (X, f^*\mathcal{S}(Y)) & \xrightarrow{f} & (Y, \mathcal{S}(Y)) \\ \downarrow & & \downarrow \\ X & \xrightarrow{f} & Y \end{array} \tag{4.3.12}$$

上の f は，補題 4.3.2 によれば f が $\mathcal{S}$ 型の集合系の圏の射であることを示している．実は，射 $h: (W, \mathcal{S}(W)) \to (Y, \mathcal{S}(Y))$ が，引き戻し[3]である．

---

[3] 引き戻しの一般的定義については (8.2.34) 参照．

すなわち，集合間の写像のレベルで，つまり (4.3.13) の下段で，$h = f \circ g$ と分解するとき，(g に対応する) $\mathcal{S}$ 射 $(W, \mathcal{S}(W)) \to (X, \mathcal{S}(X))$ が誘導される．すなわち，つまり図式を可換にする点線の矢が存在する．

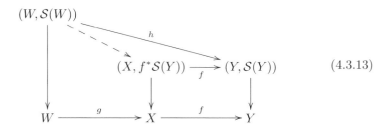
(4.3.13)

これを見るには，$h = f \circ g$ のとき，任意の $A \in \mathcal{S}(Y)$ に対して $B = f^{-1}(A)$ とするとき $h^{-1}(A) = g^{-1}f^{-1}(A) = g^{-1}(B)$ となることが観察できる．h が $\mathcal{S}$ 射であると仮定してあるので $h^*\mathcal{S}(Y) \subset \mathcal{S}(W)$ となる．したがって，任意の $B \in f^*\mathcal{S}(Y)$ に対して $\mathcal{S}(W)$ の中に逆像がある．これは $\mathcal{S}$ 射 $\mathcal{S}(W) \to f^*\mathcal{S}(Y)$ を導く．つまり図式の点線の矢である．(8.2.34) のあたりの引き戻しの一般的議論と比較されたい．

$f^*\mathcal{S}(Y)$ には別の特徴づけがある．

補題 4.3.3 Z 上の集合系 $\mathcal{S}(Z)$ がハウスドルフ性を満たすと仮定する．写像 $g : (X, f^*\mathcal{S}(Y)) \to (Z, \mathcal{S}(Z))$ が $\mathcal{S}$ 射であるための必要十分条件は，$\mathcal{S}$ 射 $h : (Y, \mathcal{S}(Y)) \to (Z, \mathcal{S}(Z))$ で $g = h \circ f$ となる射が存在することである．

証明 写像 h が存在するためには，$f(x_1) = f(x_2)$ $(x_1, x_2 \in X)$ のときは必ず，$g(x_1) = g(x_2)$ であることを示す必要がある．さて，$f(x_1) = f(x_2)$ のとき，x_1, x_2 を分離するような，すなわち 2 点のうち一つを含みもう一方は含まないような $U \in f^*\mathcal{S}(Y)$ は存在しない．もし $g(x_1) \neq g(x_2)$ なら，$\mathcal{S}(Z)$ のハウスドルフ性により一つを含みもう一方は含まないような $V \in \mathcal{S}(Z)$ が存在する．しかし，そうすると $g^{-1}(V)$ は x_1 と x_2 を分離することになる．g が $\mathcal{S}$ 射だから $g^{-1}(V) \in f^*\mathcal{S}(Y)$ とならねばならない事実と先に示したことは両立しない．この矛盾は h の存在を示し，それが $\mathcal{S}$ 射であることはただちに確かめられる．これで必要条件であることは示せた．反対向きは明らかである． □

補題 4.3.3 の内容を可換図式でも表現できる.

$$\begin{array}{c} (X, f^*\mathcal{S}(Y)) \xrightarrow{f} (Y, \mathcal{S}(Y)) \\ {}_{g}\searrow \quad \downarrow h \\ (Z, \mathcal{S}(Z)) \end{array} \quad (4.3.14)$$

さて,補題 4.3.1 の重要な一般化にたどり着いた.

補題 4.3.4 Y_a $(a \in A)$ を添え字集合 A で添え字づけられた集合の集まりとする.$\mathcal{S}(Y_a)$ を Y_a 上の集合系とする.(これらの集合系は同一の操作により定義されていると仮定する.たとえば,それらのすべてが位相であるかもしれない.)X を集合とし,各 $a \in A$ について $f_a : X \to Y_a$ を写像とする.そうすると,$\bigcup_{a \in A} f^*(\mathcal{S}(Y_a))$ を準基底とする,つまり $f^{-1}(U_a)$ $(U_a \in \mathcal{S}(Y_a))$ で生成される集合系 $\mathcal{S}(\mathcal{X})$ を得る.

この集合系に関して,各 f_a は $\mathcal{S}$ 射である.たとえば集合系が位相の場合,各 f_a は連続である.

証明 証明は明らか.なぜならこの主張は本質的に定義である. □

この補題を使って,各因子の上に位相(または同じ企図で,他の集合系)が与えられたときに積の上に位相(または他の集合系)を定義しよう.これは(定義 4.1.2 の後の)4.1 節の例 7 を一般化する.

定義 4.3.2 Y_a $(a \in A)$ を添え字集合 A で添え字づけられた集合の集まりとする.**デカルト積**(直積,Cartesian product)

$$\mathop{\mathsf{X}}_{a \in A} Y_a \quad (4.3.15)$$

は,A 上で定義され $y(a) \in Y_a$ ($\forall a \in A$) となる写像 y 全体の集合と定義される.射影 $p_b : \mathsf{X}_{a \in A} Y_a \to Y_b$ は $p_b(y) = y(b)$ ($\forall b \in A$) で定まる.

Y_a が位相 $\mathcal{O}(Y_a)$ を持つと仮定しよう.すると,$\mathsf{X}_{a \in A} Y_a$ に積位相が集合 $p_b^{-1}(U_b)$ ($U_b \in \mathcal{O}(Y_b)$) により生成される.

(2.1.1) では集合 Y の元を写像 $f : \{1\} \to Y$ と同一視したことを思い起こ

そう．積の概念はこれを自明な {1} 以外の添え字集合に拡張する．

添え字集合 A が無限の場合でさえも，$p_b^{-1}(U_b)$ の形をした集合の**有限個**の共通部分は開集合でなければならないことを指摘しておく．

大事なのは，集合系の引き戻しだけでなく押し出しもできることである．そうすると，これから説明するように積の代わりに商を定義できる．

定義 4.3.3 $f: X \to Y$ を写像とし，$\mathcal{S}(X)$ を X 上の集合系とする．このとき，Y の部分集合 B で $f^{-1}(B) \in \mathcal{S}(X)$ となるもの全体の集まりを $\mathcal{S}(Y)$ とする．この集合系を，写像 f により誘導される**商集合系** (quotient set system) とよぶ．とくに，$\mathcal{S}(X)$ が位相を定めるときは，Y 上に得られる位相を**商位相** (quotient topology) とよぶ．

$\mathcal{S}(Y)$ が実際，位相を定めると期待される型の集合系であることは容易に確かめられる．とくに，$f: (X, \mathcal{S}(X)) \to (Y, \mathcal{S}(Y))$ は $\mathcal{S}$ 射になる．

実は，$\mathcal{S}(Y)$ は f が $\mathcal{S}$ 射であるような Y 上の最大の集合系である．それに対して，補題 4.3.1 の状況では $f^*\mathcal{S}(Y)$ は f が $\mathcal{S}$ 射であるような X 上の最小の集合系である．

次の補題を証明することは読者の演習問題としておこう．

補題 4.3.5 $f: (X, \mathcal{O}(X)) \to (Y, \mathcal{O}(Y))$ を位相空間の間の連続写像であり，$\mathcal{O}(Y)$ は商位相だとする．$(Z, \mathcal{O}(Z))$ を別の位相空間とする．すると，写像 $g: (Y, \mathcal{O}(Y)) \to (Z, \mathcal{O}(Z))$ が連続である必要十分条件は，$g \circ f: (X, \mathcal{O}(X)) \to (Z, \mathcal{O}(Z))$ が連続となることである．

4.4 測度

トポロジーは定性的性質に関連する一方，幾何学は計測，すなわち定量的性質に基づくものである．本節では，集合の部分集合のサイズをどのように測るかという設問と，それを可能にする概念的に必要な知識を扱おう．

集合 X 上の測度の考えは，X の部分集合に対して，それらのサイズを表す非負の実数，あるいは ∞ という値を対応させるものである．したがって，測度は加法的になるべきである．つまり，交わりのない部分集合の合

併の測度は，それぞれの部分集合の測度の和に等しいはずである．この考えは，しかしながら次のような困難に突き当たる．つまり，任意の添え字集合での合併がとれる一方，実数の和は可算な列に対してだけとれる．この困難を克服するにはいくつかの構成が必要である．それは，測度を指定できる部分集合のクラスを制限することになるが，そのような制限において，Xの「重要な」あるいは「自然な」部分集合には測度が指定できるべきである．とくに，Xが開集合の代数$\mathcal{O}(X)$で与えられる位相を持つときは，その開集合は可測であるべきである．しかしながら，加法性の要請は，Xの部分集合の測度とその補集合の測度は足すとX自身の測度になることを含むから，一般的には開集合の補集合が開集合でないという困難に直面する．したがって，開集合の補集合，すなわち閉集合も可測であるという要請をしたい．とくに，これはσ代数の概念が役立つことを示している．

ここでσ代数はあまり小さくてはいけない．というのも，できるだけ多くのXの部分集合の測度を測りたいからである．より詳しくいうと，たとえばXが位相を持つ場合の開集合のような，ある特別なクラスのXの部分集合が可測であるようにしたい．すでに説明したように，σ代数を得るには，勝手なXの部分集合の集まりから出発して，補集合操作と可算な合併で閉じるようにさせることができる．とくに，Xが位相空間のとき，ボレルσ代数，すなわちXの開部分集合をすべて含む最小のσ代数をとることができる．

他方，σ代数は大きすぎてもいけない．そうでないと次の定義の性質を満たすことが過度の制約となる．したがって，測度論においてボレルσ代数は典型的なよい選択である．

定義 4.4.1 $(X, \mathcal{B})$ 上の**測度** (measure) とは関数

$$\mu : \mathcal{B} \to \mathbb{R}^+ \cup \infty$$

であって次を満たすものである．

(i) $i \neq j$のとき$B_i \cap B_j = \emptyset$である，すなわち集合B_nのどの二つも互いに交わらないとき，$\mu(\bigcup_{n \in \mathbb{N}} B_n) = \sum_{n \in \mathbb{N}} \mu(B_n)$

(ii) $\mu(X) \neq 0$

上記の性質を持つ三つ組 $(X, \mathcal{B}, \mu)$ は**測度空間** (measure space) とよばれる. $\mathcal{B}$ がボレル σ 代数のとき, **ボレル測度** (Borel measure) という. とくに重要なボレル測度は**ラドン測度** (Radon measure) である. すなわち, コンパクト集合上で有限の値をとり, どのボレル集合の測度もそのコンパクト部分集合の測度の上限で与えられるボレル測度のことである.

(i) は次を導く.

(iii) $\mu(\emptyset) = 0$
(iv) $B_1 \subset B_2$ のとき $\mu(B_1) \leq \mu(B_2)$

注意 上記の性質は解析学で基本的な役割を果たすルベーグ測度に倣ったものである. というのも, それがヒルベルト空間 L^2 のような**完備**な関数空間に導くからである. そのために, 可測集合の有限族のみでなく, **可算族**にも (i) の加法性を要請することが重要である. しかし, それはわれわれの主題でないので, [59] を参照されたい. 測度を使って, 単体複体の単体に重みをつけたり, 生物学への応用をスケッチしよう. それでもなお, 測度の概念は本書の中心にあるわけではなく, 読者は飛ばしてもよい.

測度 μ の**零集合** (null set) とは, X の部分集合 A で $\mu(A) = 0$ となるものである. したがって, 測度の零集合はその測度に関して無視できる. 二つの測度は, それらが同一の零集合を持つなら, **両立する** (compatible) といわれる. もし μ_1, μ_2 が両立するラドン測度のとき, 互いに関して絶対連続である. その意味は, それらのどちらかに関して可積分である ([59]) 関数 $\phi: X \to \mathbb{R}^+ \cup \infty$ が存在して,

$$\mu_2 = \phi \mu_1 \quad \text{または, これと同値な} \quad \mu_1 = \phi^{-1} \mu_2 \tag{4.4.1}$$

が成り立つことをいう. ϕ は μ_2 の μ_1 に関する**ラドン–ニコディム微分** (Radon–Nykodim derivative) とよばれる.

ϕ は可積分であるので, ほとんど至るところ有限である, つまり, 無限大の値をとる点の集合は X の (μ_1 と μ_2 の両方について) 零集合であり, 状況は ϕ と ϕ^{-1} に関して対称なので, ϕ はほとんど至るところ正であることが観察される.

$(X, \mathcal{O}(X))$ が局所コンパクトハウスドルフ空間であるとき,リース (Riesz) の表現定理は,ラドン測度は連続関数 $f : X \to \mathbb{R}$ の空間 $C^0(X)$ 上の正値連続線形汎関数にほかならないことをいっている.ここで汎関数

$$L : C^0(X) \to \mathbb{R} \tag{4.4.2}$$

は,すべての $f \geq 0$ (つまり,$f(x) \geq 0 \; (\forall x \in X)$) について必ず $L(f) \geq 0$ であるとき**正値** (positive) という.L の連続性を定義するために,$C^0(X)$ に次の距離を付与する.

$$d(f, g) := \sup_{x \in X} |f(x) - g(x)| \tag{4.4.3}$$

このように,距離が位相を定める一般的な枠組みに従い,(連続な $f : X \to \mathbb{R}$ と $\epsilon \geq 0$ について) $C^0(X)$ の基本開集合 $U(f, \epsilon)$ を次のように定義する.

$$g \in U(f, \epsilon) \iff (g - f)^{-1}(U(0, \epsilon)) = X \tag{4.4.4}$$

ここで $U(0, \epsilon)$ はもちろん $\mathbb{R}$ の開区間である.

定義 4.4.2 測度 μ は次を満たすとき**確率測度** (probability measure) とよばれる.

(iv) $\mu(X) = 1$

$\mathcal{M}(X)$ を $(X, \mathcal{B})$ 上の確率測度すべてのなす集合とする.$\mathcal{M}(X)$ は X の点に台を持つディラック測度を含む.すなわち,その $x \in X$ に対して次に定める測度 δ_x である.

$$\delta_x(A) := \begin{cases} 1 & (x \in A) \\ 0 & (x \notin A) \end{cases} \tag{4.4.5}$$

ディラック測度についてはもちろん,定義 4.4.1 の要請は $\mathcal{P}(X)$ を σ 代数と選んだときでも容易に満たされる.$\mathbb{R}$ 上のルベーグ測度のような他の測度については満たされないで,ボレル σ 代数に制限する必要がある.しかしながら,ここではその詳細には立ち入らない.

また,時刻 $t \in \mathbb{R}^+$ (連続時間) または $t \in \mathbb{N}$ (離散時間) を持つランダ

ムウォーク過程があるとき，遷移確率 $p(A,B,t)$ が得られる．これは時刻 0 で集合 A の中から出発する粒子が時刻 t で B の中にある確率を表す．ここで集合 $A, B, \ldots$ は適当な σ 代数 $\mathcal{B}$ に含まれ，$p(A,.,t)$ は $(X,\mathcal{B})$ 上の確率測度であると仮定する．したがって，

$$p(A,B,t) + p(A, X \setminus B, t) = 1 \quad (\forall B \in \mathcal{B}, \ t \geq 0) \tag{4.4.6}$$

が満たされる．また，

$$p(A,A,0) = 1 \quad (\forall A \in \mathcal{B}) \tag{4.4.7}$$

である．ここで基となる過程はゲノムの母集団，すなわち遺伝子型空間における突然変異浮動でもあり得る．

別の重要な測度の例が対象の分布の応用に現れる．たとえば分子生物学において，細胞内に発現したどのようなタンパク質に対しても，そのタンパク質の密度 ϕ を使って（ラドン）測度 $\phi\mu$ を定義することができる．ここで μ は，ルベーグ測度のような背後にある測度である．後の 4.7 節では，タンパク質あるいは応用上関心のあるものなら何でも，その分布を表すそのような測度の違いをどのように比較するかという問いを扱うことになる．

定義 4.4.3 測度空間の間の写像 $T : (X, \mathcal{B}(X), \mu_X) \to (Y, \mathcal{B}(Y), \mu_Y)$ が $\mu_X(T^{-1}(A)) = \mu_Y(A)$ $(\forall A \in \mathcal{B})$ を満たすとき，それは**測度保存的** (measure preserving) といわれる．

逆に，測度空間 $(X, \mathcal{B}, \mu)$ と写像 $f : X \to Y$ が与えられたとき，$f(A)$ $(A \in \mathcal{B})$ で生成される σ 代数 $f_*\mathcal{B}$ と性質

$$f_*\mu(B) := \mu(f^{-1}(B)) \quad (B \in \mathcal{B}) \tag{4.4.8}$$

で定義される測度 $f_*\mu$ を Y に付与できる．（一般に，写像 $\phi : Z \to X$ に対して $\phi^*\mu(C) := \mu(\phi(C))$ と定義される $\phi^*\mu$ は測度を定めない．というのも，たとえば交わりのない二つの集合 C_1, C_2 が $\phi(C_1) = \phi(C_2)$ を満たすとき加法性が崩れるからである．）

たとえば，ゲノム $x \in X$（文字 A, C, G, T をアルファベットにする一本鎖だが，この背後にある数学的構造には前に見た 2 値的アルファベットを

使うこともできる）に対し，そのゲノムによって生み出される表現型 $y \in Y$（それが何であれ，ここでは集合または位相空間 Y の構造を特定しない）を対応させる遺伝子型–表現型写像 f を検討することができる．（あるいはおそらくより好ましくは，外部の影響と状況に依存してゲノムが生み出す可能性のある表現型の集まりともいえるが，ここでの議論の目的のためにこの重要な側面は抑制する．）一般に，多くの異なる遺伝子型が同一の表現型を導き得る．つまり，写像 f は単射でない．一つの同じ表現型に導く遺伝子型の集合は中立的盆地 (neutral basin) とよばれる．遺伝子型空間はゲノム間のハミング距離 (2.1.53) による自然な距離を持つ．つまり，一つのゲノムから別のものに移動する際に要する突然変異の数のことである．

たとえば，母集団におけるゲノムの分布として与えられる遺伝子型空間上の測度があれば，表現型空間にも測度が誘導される．そしてまた，上記の突然変異浮動に対応する遺伝子型空間上の測度の族 $p(A,.,t)$ は表現型空間での確率測度の対応する族を誘導する．したがって，二つの表現型 K, L があるとき，それらを与える遺伝子型 $A := f^{-1}K$, $B := f^{-1}L$ に注目し，遷移確率

$$\pi(K, L, t) := (f_*p)(K, L, t) - p(A, B, t) \qquad (4.4.9)$$

が得られる．こうして，表現型の間の遷移確率は基にある遺伝子型の間の遷移確率により単純に与えられる．ここでは基にある遺伝子型の詳細はわからない，つまり与えられた表現型を生み出せるすべての遺伝子型が可能であると考えている．どの遺伝子型が基にあるかがわかっているときには，(4.4.9) の A をその特定の遺伝子型だけを含む集合に取り換えたいと望むだろう．

表現型の集合 $K \subset Y$ は，適当な $T \gg 0$ に対して

$$\pi(K, Y \setminus K, t) \ll 1 \quad (\forall t < T) \qquad (4.4.10)$$

を満たすとき，概吸収的 (almost absorbing) とよばれる．すなわち，異なる表現型が集合 K の中から出現するまでにとても長い時間待たなければならないということである．その理由は，K の中にコード化された表現型の特徴を維持するような強い選択圧がかかっているからである．他の表現型の

集合 L について，時間累積遷移確率

$$\sum_{t=1}^{T}\pi(L,K,t) \tag{4.4.11}$$

あるいは，無視できない確率でもとの表現型 L から概吸収的な表現型に到達するまでの最小待ち時間

$$\inf_{t>0}\pi(L,K,t) > \delta \quad (与えられた \delta > 0 に対して) \tag{4.4.12}$$

を問うてもよい．

また，（与えられた $T>0$ での）二つの表現型 K,L に対する到達可能性

$$r(K,L) = r_T(K,L) := \sum_{t=1}^{T}\pi(K,L,t) \tag{4.4.13}$$

は一般には二つの方向で異なる．すなわち，

$$r(K,L) \neq r(L,K) \tag{4.4.14}$$

である．というのも，一方が他方から最小確率 $\delta > 0$ で到達するまでの待ち時間

$$\inf_{t>0}\pi(L,K,t) > \delta \tag{4.4.15}$$

が異なるからである．

4.5 層

本節では，2.4 節ですでに定義され，後の 8.4 節でさらに展開される前層の概念について詳述する．ただし，問題となる圏が位相空間の開部分集合のなす圏である場合に集中する．第 8 章とは大部分を独立に扱うようにする．

実は，ここでの構成は 2.4 節と似ているが，ある集合 S の部分集合のなす圏 $\mathcal{P}(S)$ は考えずに，むしろ位相空間 X の開部分集合のなす圏 $\mathcal{O}(X)$ を考える点で違っている．

その意味で，位相空間 X 上のバンドルを別の位相空間からの連続な全射

$p: Y \to X$ として定義する．2.4 節と同様に，$x \in X$ に対して原像 $p^{-1}(x)$ は x 上のファイバーとよばれる．X は底空間，Y は全空間である．このようなバンドルの断面とは，連続写像 $s: X \to Y$ で $p \circ s = 1_X$ であるものをいう．

位相空間 F について，もし各 $x \in X$ に対して開集合 U で $x \in U$ なるものと同相写像

$$\phi: p^{-1}(U) \to U \times F \tag{4.5.1}$$

が存在するとき，ファイバーは F をモデルとするという．ここで同相写像とは，全単射であり，両方向に連続であるものをいう．（定義 4.1.11 参照．）モデル F がベクトル空間などの付加的構造を持ち，各 x に対して

$$\phi_x: p^{-1}(x) \to \{x\} \times F \tag{4.5.2}$$

がその構造に関して同型であるとき，バンドルはその構造を持つという．（ここでは，各ファイバーがこの構造をすでに持っていると仮定するか，ϕ_x を使って各ファイバーにその構造を付与して同型が得られるようにする．）たとえば，F がベクトル空間の構造を持つとき，ベクトルバンドルという．したがって，構造を持ったこのようなバンドルは局所的には底空間とファイバーの積である．しかしながら，大域的には積とは限らず，一般にはファイバーバンドルは積 $X \times F$ とは限らない．代数的トポロジーでは，バンドルのねじれ，つまり大域的積構造からのずれを表す不変量が構成されている．

このような構造を持つバンドルは，対応する圏を形成する．射は，一点 x 上のファイバーを像の点上のファイバーに写し，ファイバーからなる圏の射を誘導する．たとえば，ベクトルバンドルの圏では，二つのバンドルの間の射はファイバーの間の線形写像，つまりベクトル空間としての射を誘導する．

この準備の後，前層の定義，そして層の定義を思い起こそう．最初に，固定した小さな圏 **C** に対する圏 $\mathbf{Sets}^{\mathbf{C}^{op}}$ の一般的文脈で考えよう．今回は，念頭にある圏 **C** は $\mathcal{O}(X)$，すなわち対象は位相空間 X の開部分集合 U で，包含 $V \subset U$ を射とするものである．$\mathcal{O}(X)$ は，包含 $\subset$ で与えられる順序関係 $\leq$ で半順序集合の構造を持つ．この半順序集合には最大元 X と最小元 $\emptyset$

がある.（実は，$\mathcal{O}(X)$ は 4.1 節で説明したとおり共通部分と合併の操作があり，ハイティング代数である.）

2.4, 4.5 節から次の基本的定義を思い出そう．

定義 4.5.1 $\mathbf{Sets}^{\mathbf{C}^{\mathrm{op}}}$ の元は $\mathbf{C}$ 上の**前層** (presheaf) とよばれる．

$\mathbf{C}$ の矢 $f: V \to U$ と $x \in PU$ に対して，$Pf: PU \to PV$ を f の P による像として，値 $Pf(x)$ は x の f に沿った**制限** (restriction) とよばれる．

したがって前層は，対象の集まりを開集合からその開部分集合へ制限できるということを表現する．すると逆の問題に専念できるようになる．すなわち，どのようなときに対象の集まりを開集合からそれを含むより大きな開集合へ拡大できるだろうか．このような拡張への障害は，後の4.6節で展開されるコホモロジー理論からくる代数的不変量の非消失の言葉で決定できる．

さて，位相空間の設定に戻る．そこでは，すでに示したとおり，関心のある圏は位相空間 X の開部分集合のなす圏 $\mathbf{C} = \mathcal{O}(X)$ である．前層 $P : \mathcal{O}(X)^{\mathrm{op}} \to \mathbf{Sets}$ に対して，制限写像

$$p_{VU} : PV \to PU \quad (U \subset V \text{ に対して}) \tag{4.5.3}$$

があり，

$$p_{UU} = 1_{PU} \tag{4.5.4}$$

と

$$p_{WU} = p_{VU} \circ p_{WV} \quad (U \subset V \subset W \text{ に対して}) \tag{4.5.5}$$

を満たす．2.4 節と同様に，次の定義をする．

定義 4.5.2 前層 $P : \mathcal{O}(X)^{\mathrm{op}} \to \mathbf{Sets}$ は次の条件を満たすとき**層** (sheaf) とよばれる．族 $(U_i)_{i \in I} \subset \mathcal{O}(X)$ が $U = \bigcup_{i \in I} U_i$ となり $\pi_i \in PU_i$ が $p_{U_i, U_i \cap U_j} \pi_i = p_{U_j, U_i \cap U_j} \pi_j$ ($\forall i, j \in I$) を満たすとき，$\pi \in PU$ であって $p_{UU_i} \pi = \pi_i$ ($\forall i \in I$) を満たすものがただ一つ存在する．

したがって，π_i と π_j の $U_i \cap U_j$ への制限がいつも一致するという意味で両立している π_i たちは，PU の元 π で U_i への制限が PU_i の元 π_i となる元

がただ一つ存在する．

幾何学に登場する層は集合の圏に値をとらず，アーベル群の圏または1を持つ可換環 R 上の加群の圏である（ことが多い）．つまり，X の各開部分集合 U に，群 GU あるいは R 加群 MU を対応させる．前層の条件は，$V \subset U$ のとき準同型 $g_{VU} : GU \to GV$（あるいは $m_{VU} : MU \to MV$）が得られ，$g_{UU} = 1_{GU}$ と $U \subset V \subset W$ に対して $g_{WU} = g_{VU} \circ g_{WV}$ を満たすことを含意する．層の条件は，元 $a_i \in GU_i$ が $g_{U_i, U_i \cap U_j} a_i = g_{U_j, U_i \cap U_j} a_j$ ($\forall i, j \in I$) を満たすとき，$a \in GU$ であって $g_{UU_i} a = a_i$ ($\forall i \in I$) を満たすものがただ一つ存在することをいう．一意性は，$g_{UU_i} a = a_i$ ($\forall i \in I$) であるなら，$a_i = 0$ ($\forall i \in I$) のとき $a = 0$ となることを意味する．

また，どんな前層 P に対しても，関手性は

$$P\emptyset = 0, \text{自明な群あるいは加群} \tag{4.5.6}$$

を意味する．

単純な例として，定数層が挙げられる．これは空でない U のそれぞれに同じ群 G を（そして常に，空集合 $\emptyset$ には自明な群 0 を）対応させる前層の層化である．位相空間 X 上の集合 K に値をとる局所定数関数全体を考えると，本質的に同じタイプの層となる．つまり，各開集合 $U \subset X$ に対して PU は U から K への局所定数関数の集合である．

層の典型例が関数空間により与えられる．たとえば，MU として開集合 U 上の実数値連続関数全体とする．これは $\mathbb{R}$ 加群である．U_i 上の連続関数 f_i で $f_{i|U_i \cap U_j} = f_{j|U_i \cap U_j}$ を満たすものが与えられると，任意の i について $U = \bigcup U_i$ 上の関数 f で $f_{|U_i} = f_i$ を満たすものがただ一つ存在する．

X が複素多様体のとき，開集合 U に対して U 上の正則関数の空間を対応させることができる．連続関数と正則関数の基本的差異として，正則関数はある開集合上での値，あるいはある点での冪級数展開で全体の上で決まってしまうことが挙げられる．その意味で，正則関数の層は，連続関数の層よりも局所定数関数の層に似ている．

V が位相空間 X 上のベクトルバンドルであるとき，V の連続な断面の層は X の連続関数の環の層の上の加群の層である．（環の層の上の加群の層を定義するのは実直にやればよい．）

4.5 層 **151**

今度は，前層 $P : \mathcal{O}(X)^{\mathrm{op}} \to \mathbf{Sets}$ 上に位相を構成したい．$x \in U, V \in \mathcal{O}(X)$，つまり点 x の二つの開近傍とする．$f \in PU, g \in PV$ が x で同じ芽 (germ) を持つとは，ある開集合 $W \subset U \cap V$ が存在して $x \in W$ であり $f_{|W} = g_{|W}$ となる，すなわち，それらが x の適当な近傍上で一致するときにいう．重要な点は，この近傍は f と g によってよいことである．ここで念頭におくべき例は連続関数の層の場合である．解析関数に対しては，点 x での冪級数展開が採用できて，これを点 x における関数の無限小表示と理解する．連続関数は無限小の性質では決まらないので，x のある種の無限小近傍のみを考えたときに関数を同一視するためには，関数が点 x の近くで局所的に一致するかをチェックする．いずれにしても，同値関係をこうして定めて，f の同値類は x における f の芽とよばれ，$\mathrm{germ}_x f$ と記される．このような同値類全部の集合，つまり x における f の芽の集合は P_x と記され，x における P の茎 (stalk) とよばれる．x の各開近傍 U に対して，関数

$$\mathrm{germ}_x : PU \to P_x \tag{4.5.7}$$

が得られ，

$$P_x = \varinjlim_{x \in U} PU \tag{4.5.8}$$

は余極限である．すべての茎の交わりのない合併

$$\Lambda_P := \coprod_{x \in X} P_x \tag{4.5.9}$$

と射影

$$p : \Lambda_P \to X$$
$$(\phi \in P_x) \mapsto x \tag{4.5.10}$$

すなわち，それぞれの芽をその基点 x に写す写像を考える．$x \in U$ と $f \in PU$ に対して，関数

$$\ell(f) : U \to \Lambda_P \tag{4.5.11}$$

$$x \mapsto \mathrm{germ}_x f \tag{4.5.12}$$

が得られる．すべての $U \in \mathcal{O}(X)$, $f \in PU$ に対する像 $\ell(f)(U)$ からなる

開基により生成される Λ_P 上の位相を考える．すると，開集合はこのような像の合併である．この位相に関して，各 $\ell(f)$ は像の上への同相写像，すなわち両方向に連続である．$\ell(f)$ の連続性については，基本開集合である像 $\ell(f)(U)$ が $x \in U$ についての芽 $\mathrm{germ}_x f$ すべてからなっている事実を使う．さて，このような芽を含む開集合は $\mathrm{germ}_x g = \mathrm{germ}_x f$ を満たす $g \in PV$ に対して $\ell(g)(V)$ という形をしている．芽の定義により，ある開集合 $W \subset U \cap V$ について $f_{|W} = g_{|W}$ となる．したがって，Λ_P の各開集合の各元について，$\ell(f)$ による原像は Λ_P の開集合に写るような U の開集合を含む．ゆえに $\ell(f)$ は連続である．それは開集合 U を開集合 $\ell(f)(U)$ に写す単射であるので，像の上への同相写像である．

$\mathrm{germ}_x f$ の各点は開近傍 $\ell(f)(U)$ を持ち，$p \circ \ell(f) = 1_U, \ell(f) \circ p = 1_{\ell(f)(U)}$ であるので，(4.5.10) の射影 p は局所同相写像である．各前層 P から Λ_P の連続断面の層への射を定めることができる．P の Λ_P（の連続断面の層）は前層 P の層化 (sheafification) とよばれる．P がもともと層であるときは，この射は同型である．とくに，各層はバンドルの連続断面の層となっている．

4.6 コホモロジー

本節では，前層に対するチェックコホモロジーの一般化を提示する．コホモロジー理論のよい参考文献は [104] である．

3.1 節の基本的定義を思い出して，集合 V から出発し，その元を $v_0, v_1, v_2, \ldots$ と表す．有限個の異なる元の集まりが $r(v_0, v_1, \ldots, v_q)$ という関係にあることができると仮定する．この関係が自明のとき（自明の意味が何であれ）$r(v_0, \ldots, v_q) = o$ と記す．次の性質を仮定する．

(i)

$$r(v) \neq o \tag{4.6.1}$$

すなわち，各元はそれ自身と非自明な関係にある．

(ii)

もし $r(v_0, \ldots, v_q) \neq o$ なら，どのような（異なる）
$$i_1, \ldots, i_p \in \{0, \ldots, q\} \text{ についても } r(v_{i_1}, \ldots, v_{i_p}) \neq o \quad (4.6.2)$$
すなわち，いくつかの元が非自明な関係にあるとき，それはその空でない部分集合についても成立する．

$r(v_0, \ldots, v_q) \neq o$ である元の集まりごとに単体を関連させるとき，頂点集合を V とする単体複体を得る．実は上記の性質を，単体複体を定義する公理として採用できる．

位相空間 $(X, \mathcal{O}(X))$ の開被覆 $\mathcal{U}$ に対する一例が次のように現れる．$U_0, \ldots, U_q \in \mathcal{U}$ について，$r(U_0, \ldots, U_q) \neq o$ であることを，$U_0 \cap \cdots \cap U_q \neq \emptyset$ と定める．実際，位相空間の開被覆 $\mathcal{U}$ が頂点集合を $V = \mathcal{U}$ とする単体複体を定めることが観察できる．この単体複体は被覆の神経 (nerve) とよばれる．

関係 $r(v_0, \ldots, v_q)$ をある圏 **R** の対象と見ることもできる．そして $i_1, \ldots, i_p \in \{0, \ldots, q\}$ のときに，射 $r(v_{i_1}, \ldots, v_{i_p}) \to r(v_0, \ldots, v_q)$ があると考える．$r(v_0, \ldots, v_q)$ は $r(v_0), \ldots, r(v_q)$ の余積と見ることができ，この圏は余積[4]を持つ．実は，以下では **R** としては余積を持つならどのような圏でも大丈夫で，対象 $v_0, \ldots, v_q$ の余積として $v_{0 \cdots q}$ を定義して，面倒な $r(v_0, \ldots, v_q)$ を $v_{0 \cdots q}$ で置き換えられる．

さて，圏 **R** からアーベル群の圏 **Ab** への関手 G があるとする．アーベル群の群演算を $+$ で，逆を $-$ で表し，$g_1 + (-g_2)$ を慣例に従い $g_1 - g_2$ と記す．1 元のみの自明な群を 0 と表す．したがって，**R** の各射 $r_1 \to r_2$ に対して，群準同型 $G(r_1 r_2): G(r_1) \to G(r_2)$ が得られ，

$$G(rr) = 1_{G(r)} \quad (4.6.3)$$

および

$$G(r_1 r_3) = G(r_2 r_3) G(r_1 r_2) \quad (\forall r_1 \to r_2 \to r_3) \quad (4.6.4)$$

---

[4] 圏における余積の一般的定義については (8.2.41) 参照．

を満たす. また,
$$G(o) = 0 \tag{4.6.5}$$
である. というのも, o は（定義 8.2.1 の意味で）**R** の終対象であり, 0 は **Ab** における終対象であるからだ.

定義 4.6.1 $q = 0, 1, \ldots$ に対して, V の元の順序つき $(q+1)$ 組 $(v_0, v_1, \ldots, v_q)$ のそれぞれに元 $\gamma(v_0, \ldots, v_q) \in G(r(v_0, \ldots, v_q))$ を対応させる写像 γ の群を $C^q(\mathbf{R}, G)$ とする. 以下の便宜のために, $q \in \mathbb{Z}$ が負, または V の元の数より大きいときは $C^q = 0$ とおく. **余境界作用素** (coboundary operator) を
$$\delta = \delta^q : C^q(\mathbf{R}, G) \to C^{q+1}(\mathbf{R}, G)$$
$$(\delta\gamma)(v_0, v_1, \ldots, v_{q+1}) = \sum_{i=0}^{q+1} (-1)^i \gamma(v_0, v_1, \ldots, \widehat{v_i}, \ldots, v_{q+1}) \tag{4.6.6}$$
と定義する. ここで $\widehat{v_i}$ は v_i を除くことを意味する.

次の補題は容易に確かめられる.

補題 4.6.1 すべての q について
$$\delta^q \circ \delta^{q-1} = 0 \tag{4.6.7}$$
である. あるいは上つき添え字 q を外して
$$\delta \circ \delta = 0 \tag{4.6.8}$$

補題 4.6.1 は次の系を導く.

系 4.6.1
$$\operatorname{Im} \delta^{q-1} \subset \operatorname{Ker} \delta^q \tag{4.6.9}$$
である. すなわち, δ^{q-1} の像は δ^q の核に含まれる.

そこで次の定義をする.

定義 4.6.2 圏 $\mathbf{R}$ の G に値をとる q 次コホモロジー群とは次の商群である．

$$H^q(\mathbf{R},G) := \operatorname{Ker}\delta^q / \operatorname{Im}\delta^{q-1} \tag{4.6.10}$$

ここでアーベル群で考えるのが重要である．というのも，$\operatorname{Ker}\delta^q$ の部分群 $\operatorname{Im}\delta^{q-1}$ は自動的に正規部分群であり，商群が整合的に定義されるからである（補題 2.1.22 参照）．

したがって，コホモロジー群は，C^q の元で余境界が消えるものを，自明と考える部分，つまり余境界作用素による C^{q-1} の像を除いて同定する．この像は (4.6.7) により余境界の核に入ることがわかっている．したがって，コホモロジー群 H^q は，次数 $q-1$ にあるものから導かれないという意味で，次元または次数 q での新しいものを反映する．たとえば，空でない交わり $U_1 \cap U_2 \cap U_3 \neq \emptyset$ を持つ三つの集合があるとき，もちろん二つずつの交わりも空でない．しかしながら，$U_1 \cap U_2 \neq \emptyset$, $U_2 \cap U_3 \neq \emptyset$, $U_1 \cap U_3 \neq \emptyset$ であっても $U_1 \cap U_2 \cap U_3 = \emptyset$ であるとき，何か非自明なものがあり，それは非自明なコホモロジー類として反映される．

いままで展開されたコホモロジー理論は，ある集合 S の部分集合の集まり $A_1, \ldots, A_n$ に適用でき，それはそれらの交わりのパターンを反映する．とくに，X が位相空間であるとき，開部分集合 $U_1, \ldots, U_n$ の集まり $\mathcal{U}$ に適用できる．X の不変量を構成することに関心があるとき，どの程度それは開部分集合の選び方に依存するのかという問いが生じる．それに対応する結果を記述しよう．別の開部分集合 $U'_1, \ldots, U'_m$ の集まり $\mathcal{U}'$ が $\mathcal{U}$ の細分であるとは，各 μ に対して，$U'_\mu \subset U_{\nu(\mu)}$ となる $\nu(\mu)$ が存在することをいう．この状況で，$U_{\nu(\mu)}$ またはそのような集合の共通部分から G への写像を，U_μ またはその共通部分に制限することにより

$$\rho_\nu : C^q(\mathcal{U},G) \to C^q(\mathcal{U}',G) \tag{4.6.11}$$

が誘導される．そして余境界作用素について

$$\delta \circ \rho = \rho \circ \delta \tag{4.6.12}$$

が成り立つ．したがって，コホモロジー群の間の準同型写像

$$\rho : H^q(\mathcal{U}, G) \to H^q(\mathcal{U}', G) \qquad (4.6.13)$$

が誘導される．$U'_\mu \subset U_{\lambda(\mu)}$ となる別の細分関数 λ を選んだとき，これが誘導するものが (4.6.13) の ρ と同じであることが確かめられる．そこでコホモロジー群に誘導された準同型は細分写像 ν の選び方によらない．

そこで X のコホモロジー群を，開被覆のコホモロジー群の開被覆がより細かくなるときの余極限（8.2 節参照）として定義する．

$$H^q(X, G) := \varinjlim_{\mathcal{U}} H^q(\mathcal{U}, G) \qquad (4.6.14)$$

実際には，これらのコホモロジー群の計算には次のルレー (Leray) の定理を用いる．この定理は，任意の細分に移行する必要はなく，単に被覆の交わりがコホモロジー的に自明であることを確かめればよいということを教えてくれる．

定理 4.6.1 位相空間 $(X, \mathcal{O})$ の被覆 $\mathcal{U}$ が

$$H^q(U_{i_1} \cap \cdots \cap U_{i_p}, G) = 0 \quad (\forall q > 0,\ i_1, \ldots, i_p) \qquad (4.6.15)$$

が成り立つという意味で非輪状 (acyclic) であるとき，次が成り立つ．

$$H^q(X, G) = H^q(\mathcal{U}, G) \quad (\forall q) \qquad (4.6.16)$$

被覆 $\mathcal{U}$ に局所的にはコホモロジーがないとき，X のすべてのコホモロジーが捉えられる．この意味で，コホモロジーは位相空間とその上のアーベル群の前層の大域的性質を表現する．これは代数的トポロジーにとり基本的である．しかしながら，以下でスケッチされる応用においては，(4.6.15) の意味で非輪状とは限らない特定の被覆のコホモロジーに関心がある．

4.7 スペクトル

可測な位相空間 $(X, \mathcal{O}, \mathcal{B})$ 上の非負ラドン測度 μ があるとしよう．また，μ と両立するラドン測度の集まり $\phi_0 \mu,\ \phi_1 \mu,\ \ldots$ があると仮定する．$\nu_i := \phi_i \mu$ を頂点集合 V の v_i として採用し，一部分 $\nu_{i_1}, \ldots, \nu_{i_p}$ に対して

$$(\nu_{i_1},\ldots,\nu_{i_p}) := \int \prod_{j=1}^{p}(\phi_{i_j})^{1/p}\mu := \left(\prod_{j=1}^{p}(\phi_{i_j})^{1/p}\mu\right)(X) \in \mathbb{R} \quad (4.7.1)$$

とおく．とくに，これで次のように関係が定められる．

$$r(\nu_{i_1},\ldots,\nu_{i_p}) := \begin{cases} 1 & ((\nu_{i_1},\ldots,\nu_{i_p}) \neq 0 \text{ のとき}) \\ o & (その他) \end{cases} \quad (4.7.2)$$

こうして，重みつきの単体複体が得られる．単体は $r(\nu_{i_1},\ldots,\nu_{i_p}) = 1$ となる部分的集まり $\nu_{i_1},\ldots,\nu_{i_p}$ で与えられ，各単体には重み $(\nu_{i_1},\ldots,\nu_{i_p})$ が付随している．単体的構造は重なり具合のパターンの位相を表し，重みは幾何，すなわちラドン測度の部分的集まりの間の重なりの量を反映している．

位相幾何的側面から出発し，それを幾何的側面で洗練する．4.6 節のように圏 $\mathbf{R}$ を得て，今度は $\mathbb{R}$ 加群関手 M を考える．すなわち，$\mathbf{R}$ の各対象 r に実数上の加群，つまり実ベクトル空間 $M(r)$ を対応させて，群 $C^q(\mathbf{R},M)$，余境界作用素 δ^q，そしてコホモロジー群 $H^q(\mathbf{R},M)$ を得る．

各 $M(r)$ は内積 $\langle .,. \rangle$ も備えていると仮定する．この内積は正値，つまり $\langle v,v \rangle > 0$ $(v \neq 0)$ となると仮定する．とくに，$\langle v,v \rangle = 0$ は $v = 0$ を意味する，つまり内積は非退化である．

$M(r) = \mathbb{R}$ $(r \neq o)$ である単純な場合，$\mathbb{R}$ の積を採用できる．$M(r)$ が（可積分）関数の空間である場合，

$$\langle \gamma_1(\nu_0,\ldots,\nu_q), \gamma_2(\nu_0,\ldots,\nu_q) \rangle$$
$$:= \int \gamma_1(\nu_0,\ldots,\nu_q)\gamma_2(\nu_0,\ldots,\nu_q) \prod_{i=0}^{q}(\phi_i)^{1/(q+1)}\mu \quad (4.7.3)$$

とおいてよい．すなわち，測度 $\nu_0,\ldots,\nu_q$ を使って関数を積分する．

$C^q(\mathbf{R},M)$ の二つの元，つまり各順序つき $(q+1)$ 組 $(\nu_0,\nu_1,\ldots,\nu_q)$ に元 $\gamma_\alpha(\nu_0,\ldots,\nu_q) \in M(r(v_0,\ldots,v_q))$ $(\alpha = 1,2)$ を対応させる写像 γ_1, γ_2 に対して，それらの積を次のように定義できる．

$$(\gamma_1, \gamma_2)_q := \sum_{\nu_0,\ldots,\nu_q} \langle \gamma_1(\nu_0,\ldots,\nu_q), \gamma_2(\nu_0,\ldots,\nu_q) \rangle \int \prod_{i=0}^{q} (\phi_i)^{1/(q+1)} \mu \qquad (4.7.4)$$

この積で，余境界作用素の随伴作用素 $\delta^{*q} : C^q(\mathbf{R}, M) \to C^{q-1}(\mathbf{R}, M)$ を次のとおりに定義できる．

$$(\delta^{*q}\gamma, \eta)_{q-1} = (\gamma, \delta^{q-1}\eta)_q \quad (\gamma \in C^q(\mathbf{R}, M),\ \eta \in C^{q-1}(\mathbf{R}, M)) \qquad (4.7.5)$$

(4.6.7) により，次が成り立つ．

$$\delta^{*q-1} \circ \delta^{*q} = 0 \qquad (4.7.6)$$

すると一般化されたラプラシアンが定義される．

$$\Delta^q := \delta^{q-1} \circ \delta^{*q} + \delta^{*q+1} \circ \delta^q : C^q(\mathbf{R}, M) \to C^q(\mathbf{R}, M) \qquad (4.7.7)$$

この定義より，Δ^q は

$$(\Delta^q \gamma_1, \gamma_2) = (\gamma_1, \Delta^q \gamma_2) \quad (\forall \gamma_1, \gamma_2) \qquad (4.7.8)$$

という意味で自己随伴的であることがわかる．したがって，Δ^q の固有値はすべて実数である．ここで，λ が Δ^q の固有値であるとは，ある $g \neq 0$ が存在して

$$\Delta^q g = \lambda g \qquad (4.7.9)$$

となることをいう．このような g は固有値 λ の固有関数とよばれる．また，作用素の固有値の集まりはそのスペクトル (spectrum) とよばれる．

$$(\Delta^q g, g) = (\delta^q g, \delta^q g) + (\delta^{*q} g, \delta^{*q} g) \qquad (4.7.10)$$

であるから，次が成り立つことがわかる．

$$\Delta^q g = 0 \quad \text{iff} \quad \delta^q g = 0 \ \text{かつ}\ \delta^{*q} g = 0 \qquad (4.7.11)$$

ゆえに，固有値 0 の固有関数はコホモロジー類に対応し，固有値 0 の重複度は位相不変量である．実は，各コホモロジー類，つまり $H^q(\mathbf{R}, M)$ の各

元は，ただ一つの Δ^q の固有関数で代表される．ここで，内積の非退化性が決定的な役割を果たす．

この構成を用いて，対象の密度の集まりに対して，ラプラシアン Δ^q の固有値という数値的不変量を対応させられる．たとえば，一つの細胞内に異なるタンパク質があるとき，各タンパク質 i の分布は，密度またはラドン測度 ν_i を与える．そして，異なるタンパク質が共存するときの分布，つまりそれらの共局在化[5]を，コホモロジー群 $H^q(\mathbf{R},\mathbb{Z})$ か $H^q(\mathbf{R},\mathbb{R})$ かそのほかの環を係数とするもので与えられる位相不変量や，ラプラシアン Δ^q のスペクトルで与えられる幾何的不変量によって特徴づける試みができる．その位相不変量は重なりの定性的性質，すなわち，どのタンパク質の集まりが一緒に生起して，どの集まりは生起しないかをコード化する一方，幾何的不変量は，重なりの量に反映されるような定量的性質をコード化する．

もちろん，以上のことは多くの他の生物学的または非生物学的な例に適用できる．たとえば，生態系における異なる種の構成員の分布を研究できる．

定式化に戻ることにして，ここまで見てきたことは詰まるところ次である．位相空間上の両立するラドン測度の集まりに対して，重みつきの単体複体を対応させた．単体は測度の台集合の交わりに対応し，重みはその交わり上の誘導された測度により与えられる．そして重みを利用してコチェインの内積を定義した．この積を用いて，余境界作用素 δ の随伴 δ^* とラプラス作用素 Δ を定義した．ラプラス作用素のスペクトルは，台集合の交わりのパターンのチェックコホモロジーから得られる位相不変量に加えて，ラドン測度の集まりの幾何的不変量を与えるはずである．

実は，スペクトルの解析には，

$$\Delta_d^q := \delta^{q-1} \circ \delta^{*q} \text{ および } \Delta_u^q := \delta^{*q+1} \circ \delta^q \tag{4.7.12}$$

という作用素を個別に考える方が簡単である．（d は down を u は up を表す．）もちろん，これらの作用素は次を満たす．

$$\Delta^q = \Delta_d^q + \Delta_u^q \tag{4.7.13}$$

---

[5] このようなタンパク質の共局在データを生成するテクノロジーについては [98] 参照．

その理由は，作用素 A, B の積の固有値に関する次の一般的な事実である．v が AB の固有値 $\lambda \neq 0$ の固有関数であるとき，つまり

$$ABv = \lambda v \neq 0 \tag{4.7.14}$$

であるとき，次が示すとおり $Bv \neq 0$ は同じ固有値の BA の固有関数である．

$$BA(Bv) = \lambda Bv \tag{4.7.15}$$

したがって，Δ_d^q と Δ_u^q は共通の消えない固有値を持つ．ゆえに，それらのスペクトルは，高々固有値 0 の重複度だけ違い得る．

また，v が Δ_d^q の固有値 $\lambda \neq 0$ の固有関数，つまり $\delta^{q-1} \circ \delta^{*q} v = \lambda v$ のとき，(4.6.7) により

$$\delta^{*q+1} \circ \delta^q \lambda v = \delta^{*q+1} \circ \delta^q \circ \delta^{q-1} \circ \delta^{*q} v = 0$$

となり，したがって $\Delta_u^q v = 0$ となる．同様に (4.7.6) により，w が Δ_u^q の固有値 $\lambda \neq 0$ の固有関数ならば，$\Delta_d^q w = 0$ となる．したがって Δ^q のスペクトルは，Δ_d^q と Δ_u^q のスペクトルの 0 でない部分と，固有値 0 で重複度を合わせたものの合併である．Δ_d^q と Δ_u^q が 0 でない固有値を共通に持つ上記の事実と組み合わせると，スペクトル解析のために調べるべき適切な作用素は Δ_d^q と Δ_u^q であり，可能な異なる q の値のスペクトルの間に関係が存在することがわかる．より詳しくいうと，各 q について 0 でないスペクトルのある部分は $q-1$ のスペクトルと共有され，別の部分は $q+1$ のスペクトルと共有される．[52] 参照．

参考文献

[1] Aleksandrov, A.D. (1957) Über eine Verallgemeinerung der Riemannschen Geometrie. Schriften Forschungsinst Math. 1:33–84
[2] Aliprantis, C., Border, K. (^{3}2006) Infinite dimensional analysis, Springer, Berlin
[3] Amari, S-I., Nagaoka, H. (2000) Methods of information geometry. Am. Math. Soc. (translated from the Japanese)
[4] Artin, M., Grothendieck, A., Verdier, J-L. (1972) Théorie des topos et cohomologie étale des schémas. Séminaire de Géométrie Algébrique 4. Springer LNM 269, 270
[5] Awodey, S. (2006) Category theory. Oxford University Press, Oxford
邦訳：Steve Awodey 著，前原和寿訳，『圏論』，共立出版，2015 年
[6] Ay, N., Jost, J., Lê, H.V., Schwachhöfer, L. Information geometry. (to appear)
[7] Bačák, M., Hua, B., Jost, J., Kell, M., Schikorra, A. A notion of nonpositive curvature for general metric spaces. Diff. Geom. Appl. (to appear)
[8] Baez, J., Frits, T., Leinster, T. (2011) A characterization of entropy in terms of information loss. Entropy 13:1945–1957
[9] Bauer, F., Hua, B.B., Jost, J., Liu, S.P., Wang, G.F. The geometric meaning of curvature. Local and nonlocal aspects of Ricci curvature
[10] Bell, J.L. (2008) Toposes and local set theories. Dover, Mineola
[11] Benecke, A., Lesne, A. (2008) Feature context-dependency and complexity-reduction in probability landscapes for integrative genomics. Theor. Biol. Med. Model 5:21
[12] Berestovskij, V.N., Nikolaev, I.G. (1933) Multidimensional generalized

Riemannian spaces. In: Reshetnyak, Yu.G. (ed.), Geometry IV, Encyclopedia of Mathematics Sciences 70. Springer, Berlin, pp.165–250 (translated from the Russian, original edn. VINITI, Moskva, 1989)
[13] Berger, M., Gostiaux, B. (1988) Differential geometry: manifolds, curves, and surfaces, GTM vol.115. Springer, New York
[14] Bollobás, B. (1998) Modern graph theory. Springer, Berlin
[15] Boothby, W. (1975) An introduction to differentiable manifolds and Riemannian geometry. Academic Press, New York
[16] Breidbach, O., Jost, J., (2006) On the gestalt concept. Theory Biosci. 125:19–36
[17] Bröcker, T., tom Dieck, T. (1985) Representations of compact Lie groups, GTM vol.98. Springer, New York
[18] Burago, D., Burago, Yu., Ivanov, S. (2001) A course in metric geometry. American Mathematical Society, Providence
[19] Busemann, H. (1955) The geometry of geodesics. Academic Press, New York
[20] Cantor, G. (1932) In: Zermelo, E. (ed.) Gesammelte Abhandlungen mathematischen und philosophischen Inhalts. Springer, Berlin (Reprint 1980)
[21] Cantor, M. (1908) Vorlesungen über Geschichte der Mathematik, 4 vols., Teubner, Leipzig, ^{3}1907, ^{2}1900, ^{2}1901; Reprint 1965
[22] Chaitin, G.J. (1966) On the length of programs for computing finite binary sequences. J. ACM 13(4):547–569
[23] Čech, E. (1966) Topological spaces. Wiley, New York
[24] Connes, A. (1995) Noncommutative geometry. Academic Press, San Diego
[25] Corry, L. (^{2}2004) Modern algebra and the rise of mathematical structures. Birkhäuser, Basel
[26] van Dalen, D. (^{4}2004) Logic and structure. Springer, Berlin
[27] Dieudonné, J. (ed.) (1978) Abrégé d'histoire des mathématiques, 2 vols. Hermann, Paris, pp.1700–1900; German translation: Dieudonné, J. (1985) Geschichte der Mathematik, Vieweg, Braunschweig/Wiesbaden, pp.1700–1900
[28] Dold, A. (1972) Lectures on algebraic topology. Springer, Berlin
[29] Dubrovin, B.A., Fomenko, A.T., Novikov, S.P. (1985) Modern geometry—Methods and applications. Part II: The geometry and topology of manifolds. GTM vol.104. Springer, Berlin

[30] Dubrovin, B.A., Fomenko, A.T., Novikov, S.P. (1990) Modern geometry—Methods and applications. Part III: Introduction to homology theory. GTM vol.124. Springer, Berlin
[31] Eilenberg, S., Steenrod, N. (1952) Foundation of algebraic topology. Princeton University Press, Princeton
[32] Eilenberg, S. MacLane, S. (1945) General theory of natural equivalences. Trans. AMS 58:231–294
[33] Eisenbud, D., Harris, J. (2000) The geometry of schemes. Springer, Berlin
[34] Erdős, P., Rényi, A. (1959) On random graphs I. Publ. Math. Debrecen 6:290–291
[35] Eschenburg, J., Jost, J. (^{3}2014) Differential geometrie und Minimalflächen. Springer, Berlin
[36] Fedorchuk, V.V. (1990) The fundamentals of dimension theory. In: Arkhangel'skiĭ, A.V., Pontryagin, L.S. (eds.), General topology I. Encyclopaedia of Mathematical Sciences, vol.17. Springer, Berlin (translated from the Russian)
[37] Ferreirós, J. (^{2}2007) Labyrinth of thought. A history of set theory and its role in modern mathematics. Birkhäuser, Boston
[38] Forman, R. (1998) Morse theory for cell complexes. Adv. Math. 134:90–145
[39] Forman, R. (1998) Combinatorial vector fields and dynamical systems. Math. Zeit 228:629–681
[40] Fulton, W., Harris, J. (1991) Representation theory. Springer, Berlin
[41] Gitchoff, P., Wagner, G. (1996) Recombination induced hypergraphs: a new approach to mutation-recombination isomorphism. Complexity 2:37–43
[42] Goldblatt, R. (2006) Topoi. Dover, Mineola
[43] Goldblatt, R. (1981) Grothendieck topology as geometric modality. Zeitschr. f. Math. Logik und Grundlagen d. Math. 27: 495–529
[44] Gould, S.J. (2002) The structure of evolutionary theory. Harvard University Press, Cambridge
[45] Harris, J. (1992) Algebraic geometry. GTM vol.133. Springer, Berlin
[46] Hartshorne, R. (1977) Algebraic geometry. Springer, Berlin
邦訳：R. ハーツホーン著，高橋宣能・松下大介訳,『代数幾何学 1, 2, 3』, 丸善出版, 2012 年
[47] Hatcher, A. (2001) Algebraic topology. Cambridge University Press,

Cambridge
[48] Hausdorff, F. (2002) Grundzüge der Mengenlehre, Von Veit, Leipzig, 1914; reprinted. In: Werke, G., Bd II, Brieskorn, E. et al. (eds.) Hausdorff, F. Springer, Berlin
[49] Heyting, A. (1934) Mathematische Grundlagenforschung: Intuitionismus. Springer, Beweistheorie
[50] Hilbert, D. (2015) Grundlagen der Geometrie, Göttingen 1899; Stuttgart ^{11}1972; the first edition has been edited with a commentary by K. Volkert, Springer, Berlin
邦訳：D. ヒルベルト著，中村幸四郎訳，『幾何学基礎論』，筑摩書房，2005 年
[51] Hirsch, M. (1976) Differential topology. Springer, Berlin
邦訳：M.W. ハーシュ著，松本堯生訳，『微分トポロジー』，丸善出版，2012 年
[52] Horak, D., Jost, J. (2013) Spectra of combinatorial Laplace operators on simplicial complexes. Adv. Math. 244:303–336
[53] Hughes, G., Cresswell, M. (1996) A new introduction to modal logic. Routledge, London
[54] Humphreys, J. (1972) Introduction to Lie algebras and representation theory. Springer, Berlin
[55] Johnstone, P. (2002) Sketches of an elephant. A topos theory compendium, 2 vols. Oxford University Press, Oxford
[56] Jonsson, J. (2008) Simplicial complexes of graphs. LNM vol.1928. Springer, Berlin
[57] Jost, J. (1997) Nonpositive curvature: geometric and analytic aspects. Birkhäuser, Basel
[58] Jost, J. (^{6}2011) Riemannian geometry and geometric analysis. Springer, Berlin
[59] Jost, J. (^{3}2005) Postmodern analysis. Springer, Berlin
邦訳：J. ヨスト著，小谷元子訳，『ポストモダン解析学』，丸善出版，2012 年
[60] Jost, J. (2005) Dynamical systems. Springer, Berlin
[61] Jost, J. (^{3}2006) Compact Riemann surfaces. Springer, Berlin
[62] Jost, J. (2009) Geometry and physics. Springer, Berlin
[63] Jost, J. (2014) Mathematical methods in biology and neurobiology. Springer, Berlin
[64] Jost, J., Li-Jost, X. (1998) Calculus of variations. Cambridge University

Press, Cambridge
- [65] Kan, D. (1958) Adjoint functors. Trans. AMS 87, 294–329
- [66] Kelley, J. (1955) General topology. Springer, (reprint of original edition, van Nostrand)
  邦訳：ケリー著，児玉之宏訳，『位相空間論』，吉岡書店，1968 年
- [67] Klein, F. (1974) Vorlesungen über die Entwicklung der Mathematik im 19. Jahrhundert, Reprint in 1 vol., Springer, Berlin
  邦訳：Felix Klein 著，石井省吾・渡辺弘訳，『クライン：19 世紀の数学』，共立出版，1995 年
- [68] Kline, M. (1972) Mathematical thought from ancient to modern times. Oxford University Press, Oxford; 3 vol., paperback edition 1990
- [69] Knapp, A. (1986) Representation theory of semisimple groups. Princeton University Press, Princeton; reprinted 2001
- [70] Koch, H. (1986) Einführung in die klassische Mathematik I. Akademieverlag and Springer, Berlin
- [71] Kolmogorov, A.N. (1965) Three approaches to the quantitative definition of information. Publ. Inf. Trans. 1(1):1–7
- [72] Kripke, S. (1962) Semantical analysis of intuitionistic logic I. In: Crossley, J., Dummett, M. (eds.) Formal systems and recursive functions. North-Holland, Amsterdam, pp.92–130
- [73] Kunz, E. (1980) Einführung in die kommutative Algebra und analytische Geometrie. Vieweg, Braunschweig
- [74] Lambek, J., Scott, P.J. (1988) Introduction to higher order categorical logic. Cambridge University Press, Cambridge
- [75] Lang, S. (^{3}2002) Algebra. Springer, Berlin
- [76] Lawvere, F. (1964) An elementary theory of the category of sets. Proc. Nat. Acad. Sci. 52:1506–1511
- [77] Lawvere, F. (1971) Quantifiers as sheaves. Proceedings of the International Congress of Mathematicians 1970 Nice, vol.1, pp.329–334. Gauthiers-Villars, Paris 1971
- [78] Lawvere, F. (1975) Continuously variable sets: algebraic geometry = geometric logic. Studies in Logic and the Foundations of Mathematics, vol.80, (Proc. Logic Coll. Bristol, 1973) North-Holland, Amsterdam, pp.135–156
- [79] Lawvere, F., Rosebrugh, R. (2003) Sets for mathematics. Cambridge University Press, Cambridge
- [80] Leinster, T. (2004) Higher operads, higher categories. Cambridge Uni-

versity Press, Cambridge
- [81] Li, M., Vitanyi, P.M.B. (^{2}1997) An introduction to Kolmogorov complexity and its applications. Springer, Berlin
- [82] MacLane, S. (^{2}1998) Categories for the working mathematician. Springer, Berlin
邦訳：S.マックレーン著，三好博之・高木理訳，『圏論の基礎』，丸善出版，2012 年
- [83] MacLane, S. (1986) Mathematics: form and function. Springer, Berlin
邦訳：S.マックレーン著，赤尾和男・岡本周一訳，『数学：その形式と機能』，森北出版，1992 年
- [84] MacLane, S., Moerdijk, I. (1992) Sheaves in geometry and logic, Springer
- [85] Massey, W. (1991) A basic course in algebraic topology. GTM vol.127. Springer, Berlin
- [86] McLarty, C. (1995) Elementary categories, elementary toposes. Oxford University Press, Oxford
- [87] May, J.P. (1999) A concise course in algebraic topology. University of Chicago Press, Chicago
- [88] Moise, E. (1977) Geometric topology in dimensions 2 and 3. Springer, Berlin
- [89] Mumford, D. (^{2}1999) The red book of varieties and schemes. LNM vol.1358. Springer, Berlin
邦訳：D.マンフォード著，前田博信訳，『代数幾何学講義』，丸善出版，2012 年
- [90] Novikov, P.S. (1973) Grundzüge der mathematischen Logik. VEB Deutscher Verlag der Wissenschaften, Berlin (translated from the Russian, original edn. Fizmatgiz, Moskva, 1959)
- [91] Oxley, J. (1992) Matroid theory. Oxford University Press, Oxford
- [92] Papadimitriou, C. (1994) Computational complexity. Addison-Wesley, Reading
- [93] Peter, F., Weyl, H. (1927) Die Vollständigkeit der primitiven Darstellungen einer geschlossenen kontinuierlichen Gruppe. Math. Ann. 97:737–755
- [94] Pfante, O., Bertschinger, N., Olbrich, E., Ay, N., Jost, J. (2014) Comparison between different methods of level identification. Adv. Complex Syst. 17:1450007
- [95] Querenburg, B. (1973) Mengentheoretische Topologie. Springer, Berlin

[96] Riemann, B. (2013) Ueber die Hypothesen, welche der Geometrie zu Grunde liegen, Abh. Ges. Math. Kl. Gött. 13, 133–152 (1868) edited with a commentary by J. Jost, Springer
[97] de Risi, V. (2007) Geometry and monadology: Leibniz's analysis situs and philosophy of space. Birkhäuser, Basel
[98] Schubert, W., Bonnekoh, B., Pommer, A., Philipsen, L., Bockelmann, R., Malykh, Y., Gollnick, H., Friedenberger, M., Bode, M., Dress, A. (2006) Analyzing proteome topology and function by automated multidimensional fluorescence microscopy. Nature Biotech. 24:1270–1278
[99] Schur, I. (1905) Neue Begründung der Theorie der Gruppencharacktere. Sitzungsber. Preuss. Akad. Wiss. pp.406–432
[100] Schwarz, M. (1993) Morse homology. Birkhäuser, Boston
[101] Serre, J-P. (^{2}1955) Local fields. Springer, Berlin
[102] Shafarevich, I.R. (1994) Basic algebraic geometry, 2 vols. Springer, Berlin
[103] Solomonoff, R.J. (1964) A formal theory of inductive inference: parts 1 and 2. Inf. Control 7, 1–22 and 224–254
[104] Spanier, E. (1966) Algebraic topology. McGraw Hill, New York
[105] Stadler, B., Stadler, P. (2002) Generalized topological spaces in evolutionary theory and combinatorial chemistry. J. Chem. Inf. Comput. Sci. 42:577–585
[106] Stadler, B., Stadler, P. (2003) Higher separation axioms in generalized closure spaces, Annales Societatis Mathematicae Polonae, Seria 1: Commentationes Mathematicae, pp.257–273
[107] Stadler, P., Stadler, B. (2006) Genotype-phenotype maps. Biol. Theory 1:268–279
[108] Stöcker, R., Zieschang, H. (^{2}1994) Algebraische Topologie. Teubner, Stuttgart
[109] Takeuti, G., Zaring, W. (^{2}1982) Introduction to axiomatic set theory. GTM vol.1, Springer, Berlin
[110] Tierney, M. (1972) Sheaf theory and the continuum hypothesis. LNM vol.274, Springer, Berlin, pp.13–42
[111] van der Waerden, B. (^{9}1993) Algebra I, II. Springer, Berlin
邦訳：ファン・デル・ヴェルデン著，銀林浩訳，『現代代数学 1, 2, 3』，東京図書，1959–1960 年
[112] Wald, A. (1935) Begründung einer koordinatenlosen Geometrie der Flächen. Ergeb. Math. Koll. 7:24–46

[113] Welsh D. (1995) Matroids: fundamental concepts. In: Graham, R., Grötschel, M., Lovasz, L. (eds.) Handbook of combinatorics. Elsevier and MIT Press, Cambridge, pp.481–526

[114] Weyl, H. (^{7}1988) In: Ehlers, J. (ed.) Raum, Zeit, Materie. Springer, Berlin. (English translation of the 4th ed.: Space-time-matter, Dover, 1952)
邦訳：ヘルマン・ワイル著，内山龍雄訳，『空間・時間・物質 上・下』，筑摩書房，2007 年

[115] Weyl, H. (^{6}1990) Philosophie der Mathematik und Naturwissenschaft, München, Oldenbourg
邦訳：ヘルマン・ワイル，菅原正夫・下村寅太郎・森繁雄訳，『数学と自然科学の哲学』，岩波書店，1959 年

[116] Weyl, H. (^{2}1946) The classical groups, their invariants and representations. Princeton University Press, Princeton
邦訳：H. ワイル著，蟹江幸博訳，『古典群：不変式と表現』，丸善出版，2012 年

[117] Whitney, H. (1935) On the abstract properties of linear dependence. Am. J. Math. 57:509–533

[118] Wilson, R. (2009) The finite simple groups. Graduate Texts in Mathematics, vol.251. Springer, Berlin

[119] Wußing, H. (2008/9) 6000 Jahre Mathematik, 2 vols., Springer, Berlin

[120] Yoneda, N. (1954) On the homology theory of modules. J. Fac. Sci. Tokyo Sec. I 7:193–227

[121] Zariski, O., Samuel, P. (1975) Commutative algebra, 2 vols. Springer, Berlin

[122] Zeidler, E. (2013) Springer-Handbuch der Mathematik, 4 vols., Springer, Berlin

[123] Zermelo, E. (1908) Untersuchungen über die Grundlagen der Mengenlehre. Math. Ann. 65:261–281

例に関する索引

●英数字
$\{0,1\}$　23
$\{0,1\}$ 上の σ 代数　132
$\{0,1\}$ 上のモノイド構造　46
$\{1\}$　20
$\{1,2\}$　20
$\{1,2,3\}$　119
$\{1\}$ 上の前位相　118
$\{1,2\}$ 上の前位相　118
$\mathfrak{A}_n$　59
$\mathbb{N}$　52
$\mathfrak{S}_n$　53, 54, 75, 108
$\mathfrak{S}_3$　54, 105
　　　──のケイリーグラフ　55–57
$\mathfrak{S}_4$　105
　　　──の指標表　113
　　　──の表現　112
$\mathbb{Z}_q$ の正規部分群　59
$\mathbb{Z}_q$ の部分群　48
$\mathbb{Z}$ の部分群 $m\mathbb{Z}$　48

●あ行
イデアル
　　環 $\mathbb{Z}$ の──　53
　　モノイド M_2 の──　53
　　モノイド M_q の──　53
遺伝子組み換え　130
遺伝子配列の文字 A, T, C, G　130

●か行
可換群 $\mathbb{Z}_2 := (\{0,1\}, +)$　47
環 $(\mathbb{Z}, +, \cdot)$　48, 52
環 $\mathbb{Z}$ のイデアル　53
完全グラフ K_4　94
距離
　　自明な──　31, 122
　　ユークリッドの──　30, 121
グラフ　25
　　対称性のない──　95
群 $(\mathbb{Q}_+, \cdot)$　48
交代群 $\mathfrak{A}_n$　59

●さ行
自明な距離　31, 122
巡回群 $(\mathbb{Z}_q, +)$　48
整数の群 $\mathbb{Z}$　48
前位相
　　$\{1\}$ 上の──　118
　　$\{1,2\}$ 上の──　118
素数 q に対する体 $(\mathbb{Z}_q, +, \cdot)$　51

170   例に関する索引

●た行
体 $\mathbb{Q}$ 52
体 $\mathbb{Z}_2 = (\{0,1\}, +, \cdot)$ 50
対称群 $\mathfrak{S}_n$ 53, 54, 75, 108
対称性のないグラフ   95
タンパク質の共局在化   145
定数層   150
ディラック測度   144

●は行
ハイティング代数 $\{\emptyset, \{0\}, \{0,1\}\}$ 40
ブール代数 $\{0,1\} \simeq \{\emptyset, X\}$ 40
ベクトル空間 $\mathbb{Z}_2^n$ 50

●ま行
密着位相   128

$\mathcal{O} = \{\emptyset, X\}$ 121
モノイド
 $(M_q, \cdot)$ 48
 $M_2 := (\{0,1\}, \cdot)$ 48
 M_2 のイデアル   53
 M_q のイデアル   53
$\mathbb{N}_0$ 48, 52

●や行
ユークリッド空間 $\mathbb{R}^d$ 43, 50
ユークリッドの距離   30, 121

●ら行
離散位相   122, 128
 $\mathcal{O} = \mathcal{P}(X)$ 121
連続関数全体 C^0 150

事項索引

●英数字
2項関係 18, 25
2部グラフ 55, 86
　　　完備な―― 56
3角形 98
G 加群 100
L^p 距離 62
poset 27
σ 代数 132

●あ行
アーベル的 47
間にある 32
位相
　　　――空間 118, 124
　　　――の準基底 123
　　　――の生成 123
　　　商―― 141
　　　積―― 122, 140
　　　前―― → 前位相
　　　前層上の―― 151
　　　密着―― 121, 128
　　　誘導―― 124
　　　余有限―― 122
　　　離散―― 121, 122, 128

イデアル 52
遺伝子型 146
　　　――空間 146
遺伝子型–表現型写像 146
遺伝子組み換え 130
遺伝子配列 87, 130
宇宙 66
演算 45
オートマトン 89
重みつきグラフ 93, 96
　　　――のモジュライ空間 96
重みつき単体複体 92, 157
重みつき有向グラフ 29

●か行
概吸収的 146
開近傍 124
開集合 118
解析 63
開被覆 124, 153
開部分集合 119
可換 47
　　　――環 49
　　　――図式 76
確率測度 144

加群　49
　　G——　100
　　ユニタリ——　49
数えること　62
可測　133
　　——空間　132
括弧　18
合併　40, 117
下半連続　129
環　48
　　——の恒等元　49
　　——の準同型　55
　　——の単位元　49
　　可換——　49
　　単位元を持つ——　49
　　連続写像の——　129
含意　34, 40, 117
関係　18, 24, 93, 152
　　——の欠如　91
　　2項——　18, 25
　　自明な——　91
　　同値——　26
　　引き戻しの——　24
関手　79
　　——圏　80
　　関数の——　85
　　点の——　84
　　忘却——　79
関数の代数　51
完全グラフ　57, 99
カントルの対角線論法　21
完備な2部グラフ　56
カンマ圏　78
偽　18
木　98
幾何学　24
擬距離　30, 63

基底　122
軌道　88
擬補元　34
逆元　47
既約表現　102
共局在化　159
共通部分　40, 117
共役類　105
局所コンパクト　124
局所的断面　86
極大フィルター　41
距離　30, 63
　　L^p——　62
　　擬——　30, 63
　　自明な——　31, 122
　　ハミング——　31
　　ユークリッドの——　30
距離空間　30, 121, 128
　　——の圏　72
近似　63
近傍　124
空間　24
空集合　64
　　圏としての——　69
茎　151
区別　15, 19
組み換え　131
クラトフスキー閉包作用素　125
グラフ　25, 31, 93, 96, 126
　　——の自己同型射　94
　　——のなす圏　72
　　2部——　55, 86
　　重みつき——　93, 96
　　完全——　57, 99
　　ケイリー——　55
　　単純——　93
　　同型な——　94

有向—— 25, 29, 68, 93, 96, 126
連結—— 31, 98
群 45, 47
　——の圏　73, 81
　——の準同型　55, 59
　——の積　57
　圏としての——　72
　交代　56, 59
　コホモロジー——　155, 156
　自己同型——　70, 71, 94
　自由——　47
　巡回——　48, 60
　対称——　53, 59, 94, 96, 103, 112
　単純——　60
　置換——　53
　ねじれがない——　47
　パラメータづけられた——　61
　半——　127
　部分——　48
　リー——　63
群の表現　100
　——の分解　103
ケイリーグラフ　55
結合的　18, 46, 67
結合法則　71
ゲノム　87
元　91
圏　66
　——としての空集合　69
　——としての群　72
　——としての集合　69
　——としての半順序集合　72, 81
　——としてのモノイド　72
　関手——　80
　カンマ——　78

距離空間の——　72
グラフのなす——　72
群の——　73, 81
圏のなす——　78
射の——　76
集合の——　69, 74, 80, 81
スライス——　78
双対——　80
小さな——　80
半順序集合の——　72
部分——　73
ベクトルバンドルの——　148
モノイドの——　73
モノイドの表現の——　73
交差　130
合成　67
　写像の——　18
構造　24
交代群　56, 59
交代表現　104
恒等矢　67
互換　56
固定点　22
コホモロジー群　155, 156
固有関数　158
固有値　158
コンパクト　124

●さ行
最小上界　28
最大下界　28
細分　155
三角不等式　30
自己射　75
自己随伴的　158
自己同型　70, 75
　——群　70, 71, 94

自然変換　79
自明な関係　91
自明な距離　31, 122
射　66, 67, 94
　　　——の圏　76
写像　16
　　　——の合成　18
シューアの補題　103
自由群　47
集合　15
　　　——の圏　69, 74, 80, 81
集合系　137
　　　——の準基底　137
　　　——の生成　137
集合論の公理　64
重心　33
終対象　154
巡回群　48, 60
準基底
　　　位相の——　123
　　　集合系の——　137
準同型　24, 26, 55
　　　環の——　55
　　　群の——　55, 59
　　　体の——　55
　　　モノイドの——　55
商　26
　　　——位相　141
　　　——集合系　141
乗法　48
初期値　88
真　18
推移性　26
スカラー積　43
ストーンの定理　41
ストーンの表現定理　40
スペクトル　158

スライス圏　78
正規部分群　58
制限　84, 149
整数　52, 53
生成元　47
正則関数　150
正則表現　104
正値汎関数　144
積位相　122, 140
絶対連続　143
節点　93
遷移確率　145, 146
前位相
　　　——空間　118, 125
　　　{1,2} 上の——　118
全空間　82, 148
線形部分空間　44
全射　16, 74
前層　84, 149
前層上の位相　151
全単射　16
前方不変集合　127
層　85, 149
　　　定数——　150
　　　連続関数の——　150
操作　45
双対圏　80
双対表現　101
束　28
　　　0 と 1 を持つ——　28
測度　142
　　　——空間　143
　　　——保存的写像　145
　　　両立する　143

●た行
体　50, 61

——の準同型　55
大域的断面　86
対角線論法　21
ダイグラフ　25, 93, 96
対象　67
対称群　53, 59, 94, 96, 103, 112
対称性　25, 26, 70
代数　45, 51
単位元を持つ環　49
単項フィルター　42
単射　16, 74
単純グラフ　93
単純群　60
単体複体　92, 153
タンパク質　145
断面　82, 148
　　局所的——　86
　　大域的——　86
小さな圏　80
チェックコホモロジー　152
チェック複体　92
置換　53
　　——群　53
　　——表現　103
中点　33
中立元　46
中立的盆地　146
頂点　93
超フィルター　41
直交補空間　44
ツェルメロ–フレンケル集合論　19, 64
定義域　18, 67
底空間　82, 148
定数層　150
ディラック測度　144
デカルト積　140

点の関手　84
点のないトポロジー　117
ド・モルガンの法則　38
同型　70, 75
同型なグラフ　94
同相写像　129, 152
到達可能性　147
同値　15, 45
　　——関係　26
　　——類　26
同変　74
凸　32
突然変異　130
　　——浮動　145
隣り合う　57

●な行・は行
内部　118
ねじれ　148
　　——がない群　47
ハイティング代数　34, 35, 43, 120
ハイパーグラフ　92
ハウスドルフ空間　125
ハウスドルフ性　128
測ること　62
ハミング距離　31
パラメータづけられた群　61
汎関数
　　正値——　144
　　連続——　144
半群　127
反射性　26
半順序集合　27
　　——の圏　72
反対称性　27
バンドル　82, 147
引き戻しの関係　24

事項索引

左イデアル　52
被覆　124
　　——の神経　153
表現　70
　　——の指標　107
　　——の間の射　100
　　既約——　102
　　群の——　100
　　交代　104
　　正則　104
　　双対　101
　　置換　103
　　標準　103
　　部分　102
　　補部分——　102
　　モノイドの——　73
非輪状　156
ファイバー　82, 148
フィルター　41, 43
　　極大——　41
　　単項——　42
　　超——　41
ブール代数　38, 117
部分群　48
　　正規——　58
部分圏　73
部分対象　75
部分の相関関係　87
部分表現　102
分配的　48
分配法則　36
分離公理　19, 64
閉球　33
平均　62
平行移動
　　左——　46
　　右——　46

閉集合　125
閉包　125
　　——作用素　125
閉路　98
冪集合　19, 39, 65, 117
ベクトル空間　50
ベクトルバンドル　148
　　——の圏　148
辺　93
　　——の重み　93
包含写像　17
忘却関手　79
補集合　40, 117
補部分表現　102
ボレル測度　143

●ま行
交わり　28
待ち時間　147
道　98
密着位相　121, 128
無限　20
結び　28
芽　151
モーダスポネンス　35
モジュライ空間　96
モノイド　46
　　——の圏　73
　　——の準同型　55
　　——の表現　73
　　——の表現の圏　73
　　圏としての——　72

●や行
矢　67
ユークリッド空間　43
ユークリッドの距離　30

有向グラフ　25, 29, 68, 93, 96, 126
誘導位相　124
ユニタリ加群　49
余境界作用素　154
　　　——の随伴作用素　158
余積　153
余定義域　18, 67
米田の埋め込み　84
余有限
　　　——位相　122
　　　——な位相空間　129

●ら行・わ行
ラドン–ニコディム微分　143
ラドン測度　143
ラプラシアン　158
ランダムウォーク　144

リー群　63
リースの表現定理　144
力学系　88, 126
離散位相　121, 122, 128
離散時間力学系　88
類関数　106
ループがない　93
ルレーの定理　156
零集合　143
連結グラフ　31, 98
連続　127
連続関数の層　150
連続時間力学系　88
連続写像の環　129
連続汎関数　144
和　44

著作者
J. ヨスト（Jürgen Jost）
Max Planck Institute for Mathematics in the Sciences, Director

訳者
清水　勇二（しみず　ゆうじ）
国際基督教大学教養学部教授

現代数学の基本概念　上

令和元年8月10日　発　行

著作者	J.　ヨ　ス　ト	
訳　者	清　水　勇　二	
発行者	池　田　和　博	
発行所	丸善出版株式会社	

〒101-0051 東京都千代田区神田神保町二丁目 17 番
編集：電話 (03) 3512-3266／FAX (03) 3512-3272
営業：電話 (03) 3512-3256／FAX (03) 3512-3270
https://www.maruzen-publishing.co.jp

Ⓒ Yuji Shimizu, 2019

組版印刷・大日本法令印刷株式会社／製本・株式会社 松岳社

ISBN 978-4-621-30401-3　C 3041　　　　　Printed in Japan

本書の無断複写は著作権法上での例外を除き禁じられています．